生态物联网监测数据的
分析与应用

李永飞　著

清 华 大 学 出 版 社
北京交通大学出版社
·北京·

内 容 简 介

本书主要介绍物联网和数据挖掘技术在生态监测领域的应用。主要内容包括：基于聚类分析进行生态物联网中监测点之间相邻关系的判定方法，为监测数据处理提供更为合理的依据；针对生态物联网监测中的异常数据进行有效性检测和缺失填补，确保监测数据的完整有效；采用贝叶斯网络对生态物联网监测数据的质量进行预测，并实现生态监测实时预警；生态物联网监测结点部署和系统整体可靠性的分析及评估；基于生态监测数据的数据有效性审核系统和数据分析系统开发。

本书可供具有数据挖掘基础并对生态监测感兴趣的学生和研究者参考。

图书在版编目（CIP）数据

生态物联网监测数据的分析与应用/李永飞著 . —北京：北京交通大学出版社：清华大学出版社，2022. 1

ISBN 978-7-5121-4583-2

Ⅰ. ①生… Ⅱ. ①李… Ⅲ. ①物联网–应用–生态环境–环境监测–研究 Ⅳ. ①X835-39

中国版本图书馆 CIP 数据核字（2021）第 211489 号

生态物联网监测数据的分析与应用
SHENGTAI WULIANWANG JIANCE SHUJU DE FENXI YU YINGYONG

责任编辑：谭文芳

出版发行：清华大学出版社　邮编：100084　电话：010-62776969　http://www.tup.com.cn
　　　　　北京交通大学出版社　邮编：100044　电话：010-51686414　http://www.bjtup.com.cn
印 刷 者：艺堂印刷（天津）有限公司
经　　销：全国新华书店
开　　本：170 mm×240 mm　印张：7.75　字数：152 千字
版 印 次：2022 年 1 月第 1 版　2022 年 1 月第 1 次印刷
定　　价：46.00 元

本书如有质量问题，请向北京交通大学出版社质监组反映。对您的意见和批评，我们表示欢迎和感谢。
投诉电话：010-51686043，51686008；传真：010-62225406；E-mail：press@bjtu.edu.cn。

前　　言

　　物联网是利用传感器网络、RFID 等技术实现对物理世界的全面感知，通过各种电信网络和互联网的融合实现可靠传输，并利用智能计算技术实现数据处理的网络系统。由于实现了现实物理世界与虚拟信息空间的互连整合，物联网技术近年来在精细农业、智慧医疗、智能环保等领域的应用得到了迅猛发展。生态物联网是物联网技术在生态环境保护领域的重要应用。环境质量的在线监测，包括空气质量自动监测、水质重点监测、环境噪声的自动监测等，是目前生态物联网技术的重要应用领域。生态环境领域对预测预警、精准判断等数据分析都有巨大的实际需求。数据挖掘通过高度自动化地分析大量的数据，做出归纳性的推理，从中挖掘出潜在的模式，并预测未来的趋势，已经被广泛应用于各个领域。因为基于物联网得到的监测数据具有数据量庞大、时空相关性和不确定性等特点，非常需要采用合适的数据挖掘技术进行分析和处理。

　　本书主要介绍物联网和数据挖掘技术在生态监测领域的应用，采用数据挖掘技术分别针对生态物联网结点部署、相邻关系判定、监测数据有效性处理及实时预警等环节进行研究，最后开发了应用软件实现数据有效性审核和数据分析。

　　全书内容分为 6 章。第 1 章介绍生态物联网与数据挖掘技术概况，主要包括物联网的体系结构、关键技术和发展趋势，生态物联网概况及数据挖掘概念和常用方法；第 2 章主要介绍基于聚类分析进行生态物联网中监测点之间相邻关系的判定方法，根据监测数据自身的内在特征，采用聚类分析方法实现监测点的逻辑相邻关系判定，相比传统的根据行政区划或地理位置确定相邻关系更加合理，为监测数据处理提供科学的依据；第 3 章主要介绍针对生态物联网监测中的异常数据进行有效性检测和缺失填补，通过基于历史监测数据进行常规数据异常的分类和描述、采用离群点识别算法检测异常数据，并基于关联规则和神经网络优化算法对缺失数据进行填补，确保监测数据的完整有效；第 4 章主要介绍利用贝叶斯网络对生态监测数据质量进行预测，基于监测数据构建生态质量预警模型实现生态监测实时预警；第 5 章介绍生态物联网结点部署和系统可靠性，对监测结点的部署拓扑结构进行计算和分析，对监测系统可靠性进行量化分析，并对系统可靠性进行综合评估；第 6 章主要介绍为了保障生态监测数据的可靠可信和实现监测数据的有效利用所开发的数据有效性审核系统和数据分析系统。

　　本书在撰写过程中得到了田立勤教授的精心指导和课题组成员李芙玲、童英华、王志刚的大力支持，也参考了大量国内外文献资料，在此一并表示诚挚的感谢。本书涉及的相关研究项目得到了河北省重点研发计划项目（No. 19270318D）、青海省科技计划项目（No：2017-ZJ-752）、中央高校基本科研业务费资助项目（No. 3142017067）和河北省物联网监控技术创新中心的资助。由于个人水平有限，书中难免存在不足之处，恳请读者批评指正。

李永飞
2021 年 11 月

目　　录

第1章　生态物联网与数据挖掘

1.1　物联网技术

物联网是信息技术的一个新的领域，是我国新一代信息技术自主创新突破的重点方向，蕴含着巨大的创新空间。它在各个行业中的应用正在不断深化，并将催生大量的新技术、新产品、新应用和新模式。基于物联网技术将会实现更全面更广泛地互联互通和更透彻地感知，进而得到更深入的智能。

1.1.1　物联网体系结构

1. 物联网的定义

从不同的角度可以对物联网做出不同的理解和解释。这里先给出一个物联网的定义。

物联网是通过各种信息传感设备及系统（传感网、射频识别、红外感应器、激光扫描器等）、条码与二维码、全球定位系统，按照事先约定的通信协议，将物与物、人与物、人与人连接起来，通过各种接入网和互联网进行信息交换，以实现智能化识别、定位、跟踪、监控和管理的一种信息网络。

这个定义的核心，即物联网的主要特征是每一个物体都可以寻址，每一个物体都可以控制，每一个物体都可以通信。这里包含了三层含义。

（1）物联网是指对具有全面感知能力的物体及人的互联集合。两个或两个以上物体如果能交换信息即可称为物联。使物体具有感知能力需要在物品上放置不同类型的识别装置，如电子标签、条码、二维码等，可以通过传感器、红外感应器等感知其存在。这一概念排除了传统网络系统中的主从关系，能够实现自组织。

（2）物联必须遵循事先约定的通信协议，并通过相应的软件和硬件实现。由于互联的物体要互相交换信息就需要实现不同系统中实体的通信，因此必须遵守相关的通信协议，同时需要相应的软件和硬件来实现这些协议，并可以通过现有的各种接入网和互联网进行信息交换。

（3）物联网可以实现对各种物体及人的智能化识别、定位、跟踪、监控和管理等功能。这也是组建物联网的目的。

另外，还有一些其他的关于物联网的定义。

麻省理工学院最早在 1999 年就提出了物联网的概念：把所有物品通过射频识别（radio frequency identification，RFID）和条码等信息传感设备与互联网连接起来，实现智能化识别和管理。这个定义的核心是 RFID 技术和互联网的综合应用。RFID 标签是早期物联网最为关键的技术与产品，当时认为物联网最大规模、最有前景的应用就是在零售和物流领域。利用 RFID 技术，通过计算机互联网实现物品的自动识别、互联和信息资源共享。

2005 年，国际电信联盟（International Telecommunication Union，ITU）在 "The Internet of Things" 报告中对物联网概念进行了扩展，提出了任何时刻、任何地点、任意物体之间的互联，无所不在的网络和无所不在计算的发展愿景。把物联网定义为在任何时间和环境，任何物品、人、企业、商业，采用任何通信方式（包括汇聚、连接、收集、计算等），以满足提供的任何服务。按照 ITU 的这个定义，物联网主要解决物到物（thing to thing，T2T）、人到物（human to thing，H2T）、人到人（human to human，H2H）之间的互联。这里与传统互联网最大的区别是，H2T 是指人利用通用装置与物体之间的连接，H2H 是指人之间不依赖于个人计算机而进行的互联。需要利用物联网解决的是传统意义上的互联网没有考虑的、对于任何物体连接的问题。

2009 年，欧盟第 7 框架下 RFID 和物联网研究项目组对 RFID 和物联网进行了比较系统的研究后，在所发布的研究报告中指出：物联网是未来互联网的一个组成部分，可以被定义为基于标准的交互通信协议且具有自配置能力的动态的全球网络基础设施，在物联网内物理和虚拟的 "物体" 具有身份和物理属性、拟人化特征，能够被一个综合的信息网络所连接。

与其他几种网络相比，物联网是一种关于人与物、物与物之间广泛互联，实现人与客观世界进行信息交互的信息网络；传感网是利用传感器作为结点，通过专门的无线通信协议实现物体之间连接的自组织网络；泛在网是面向泛在应用的各种异构网络的集合，强调的是跨网之间的互联互通和数据融合与应用；互联网是指通过 TCP/IP 协议将异构计算机网络连接起来实现资源共享的网络技术，实现的是人与人之间的通信。

物联网的主要特征表现在以下几个方面。

① 全面感知：利用 RFID、传感器、二维码等智能感知设施，可以随时随地感知、获取物体的信息；

② 可靠传输：通过各种信息网络与计算机网络的融合，将物体的信息实时准确地传送到目的地；

③ 智能处理：利用数据融合及处理、云计算、大数据等各种计算技术，对

海量的分布式数据进行分析、融合和处理，向用户提供信息服务；

④ 自动控制：利用模糊识别等智能控制技术对物体实施智能化控制和利用。

2. 物联网的三层结构

虽然物联网的定义目前还没有统一的说法，但物联网的三层体系结构已经基本得到了一致认可。一般认为，物联网可以分为感知层、网络层、应用层三个层次。典型物联网系统结构图如图 1-1 所示。

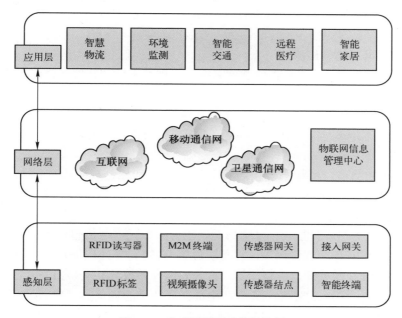

图 1-1　典型物联网系统结构图

（1）感知层是让物体说话的先决条件，主要用于采集物理世界中发生的物理事件和数据，包括各类物理量、身份标识、位置信息、音频、视频数据等。物联网的数据采集涉及传感器、RFID、多媒体信息采集、二维码和实时定位等技术。感知层可以分为数据采集与执行、短距离无线通信两个部分。数据采集与执行主要是应用智能传感器技术、身份识别以及其他信息采集技术，对物品进行基础信息采集，同时接收上层网络送来的控制信息，完成相应的执行动作。

（2）网络层完成大范围的信息传输，主要借助于已有的广域网通信系统（如 PSTN 网络、4G/5G 移动网络、互联网等），把感知层感知到的信息快速、可靠、安全地传送到地球的各个地方，使物体能够进行远距离、大范围的通信，实现在全球范围内的通信。当然，现有的广域网通信网络是针对人的应用需求而设计的，在物联网得到大规模发展之后，能否完全满足物联网数据通信的要求还有待验证。但是在物联网发展的初期阶段，借助已有公众网络进行广域网通信是必然的选择。正如 20 世纪 90 年代中期在 ADSL 与小区宽带发展成熟之前，大家利用电话线进行拨号上网一样。

（3）应用层完成物体信息的汇总、协同、共享、互通、分析、决策等功能，物联网建设的根本目的是为人服务，应用层负责完成物体与人的最终交互，前面两层将物体的信息大范围地收集起来，汇总在应用层进行统一分析和决策，用于支撑跨行业、跨应用、跨系统之间的信息协同、共享、互通，提高信息的综合利用度，最大限度地为人类服务。具体应用服务体现在各行业的应用，如智能交通、智能医疗、智能家居、智能物流、智能电力等。

3. 物联网系统的组成

从系统组成来看，可以把物联网系统分为硬件平台和软件平台两大子系统。

1）物联网硬件平台

物联网是以数据为中心、面向应用的网络，主要完成信息感知、数据传输、数据处理以及决策支持等功能，其硬件平台由传感网、核心承载网和信息服务系统等几个部分组成。

（1）感知结点：感知结点由各种类型的采集和控制模块组成，如温度传感器、声音传感器、振动传感器、压力传感器、RFID 读写器、二维码识读器等，完成物联网应用的数据采集和设备控制等功能。

感知结点的组成包括 4 个基本单元：①传感单元（由传感器和模数转换功能模块组成，如 RFID、二维码识读设备、温感设备）；②处理单元（由嵌入式系统构成，包括 CPU 微处理器、存储器、嵌入式操作系统等）；③通信单元（由无线通信模块组成，实现末梢结点间，以及与会聚结点的通信）；④电源/供电部分。感知结点综合了传感器技术、嵌入式计算技术、智能组网技术及无线通信技术、分布式信息处理技术等，能够通过各类集成化的微型传感器协作地实时监测、感知和采集各种环境或监测对象的信息，通过嵌入式系统对信息进行处理，并通过随机自组织无线通信网络以多跳中继方式将所感知信息传送到接入层的基站结点和接入网关，最终到达信息应用服务系统。

（2）接入网络：接入网络包括汇聚结点、接入网关等，完成应用末梢感知结点的组网控制和数据汇聚，或完成向感知结点发送数据的转发等功能。在感知结点之间组网之后，如果需要上传数据，则将数据发送给汇聚结点，汇聚结点收到数据后，通过接入网关完成与承载网络的连接；当用户应用系统需要下发控制信息时，接入网关接收到承载网络的数据后，由汇聚结点将数据发送给感知结点，完成感知结点与承载网络之间的数据转发和交互功能。感知结点与接入网络承担物联网的信息采集和控制任务，构成传感网。

（3）核心承载网：核心承载网主要承担接入网与信息服务系统之间的数据通信任务。根据具体应用需要，承载网络可以是公共通信网，如 4G/5G 移动通信网、WiFi、WiMAX、互联网，以及企业专用网，甚至是新建的专用于物联网的通信网。

（4）信息服务系统：物联网信息服务系统由各种应用服务器（包括数据库服务器）组成，还包括用户设备（如 PC、手机）、客户端等。主要是对采集数据的融合/汇聚、转换、分析，以及用户呈现的适配和事件的触发等。信息采集要从感知结点获取大量的原始数据，并且这些原始数据对于用户来说只有经过转换、筛选、分析处理后才有实际价值。对这些有实际价值的信息，由服务器根据用户端设备进行信息呈现的适配，并根据用户的设置触发相关的通知信息；当需要对末端结点进行控制时，信息服务系统硬件设施生成控制指令，并发送进行控制。针对不同的应用需要设置不同的应用服务器。

2）物联网软件平台

物联网软件平台建立在分层通信协议体系之上，通常包括数据感知系统软件、物联网中间件系统软件、网络操作系统（包括嵌入式系统）、物联网管理及信息中心的管理信息系统（MIS）等。

（1）数据感知系统软件：数据感知系统软件主要完成物品的识别和物品代码（EPC）的采集和处理，主要由企业生产的物品、物品电子标签、传感器、读写器、控制器、EPC 等部分组成。存储有 EPC 的电子标签在经过读写器的感应区域时，物品 EPC 会自动被读写器捕获，从而实现 EPC 信息采集的自动化，采集的数据交由上位机信息采集软件进行进一步处理，如数据校对、数据过滤、数据完整性检查等，这些经过整理的数据可以为物联网中间件、应用管理系统使用。对于物品电子标签国际上多采用 EPC 标签，用 PML 语言来标记每一个实体和物品。

（2）物联网中间件系统软件：物联网中间件系统软件是位于数据感知设施（读写器）与后台应用软件之间的一种应用系统软件，通常包含读写器接口、事件管理器、应用程序接口、目标信息服务和对象名解析服务等功能模块。

（3）网络操作系统：物联网通过互联网实现物理世界中的任何物体的互联，在任何地方、任何时间可识别任何物体，使物体成为附有动态信息的"智能产品"，并使物体信息流和物流完全同步，从而为物体信息共享提供一个高效、快捷的网络通信及云计算平台。网络操作系统提供基本的运行平台。

（4）物联网管理及信息中心的管理信息系统：物联网的管理类似于互联网上的网络管理。目前，物联网大多数是基于 SMNP 建设的管理系统，这与一般的网络管理类似。重要的是提供名称解析服务（ONS）。名称解析服务类似于互联网的 DNS，要有授权，并且有一定的组成架构。它能把每一种物品的编码进行解析，再通过 URLs 服务获得相关物品的进一步信息。

1.1.2　物联网关键技术

物联网的产业链可细分为标识、感知、信息传送和数据处理 4 个环节，其中关键技术主要包括射频识别技术、传感技术、网络与通信技术、数据挖掘与融合技术及物联网安全技术等。

1. 射频识别技术

射频识别（RFID）技术是一种无接触的自动识别技术，利用射频信号及其空间耦合传输特性，实现对静态或移动待识别物体的自动识别，用于对采集点的信息进行"标准化"标识。鉴于 RFID 技术可实现无接触的自动识别，全天候、识别穿透能力强、无接触磨损、可同时实现对多个物品的自动识别等诸多特点，将这一技术应用到物联网领域，使其与互联网、通信技术相结合，可实现全球范围内物品的跟踪与信息的共享。在物联网"识别"信息和近程通信的层面中，RFID 技术起着至关重要的作用。另外，产品电子代码（EPC）采用 RFID 电子标签技术作为载体，大大推动了物联网的发展和应用。

2. 传感技术

信息采集是物联网的基础，目前的信息采集主要是通过传感器、传感结点和电子标签等方式完成的。传感器作为一种检测装置，是摄取信息的关键器件。由于其所在的环境通常比较恶劣，因此物联网对传感器技术提出了较高的要求。一是其感受信息的能力，二是传感器自身的智能化和网络化，传感器技术需要在这两个方面实现发展与突破。

将传感器应用于物联网中构成无线自治网络，这种传感器网络技术综合了传感器技术、纳米嵌入技术、分布式信息处理技术、无线通信技术等，使它们能够嵌入到任何物体的集成化微型传感器中协作进行待测数据的实时监测、采集，并将这些信息以无线的方式发送给观测者，从而实现"泛在"传感。在传感器网络中，传感结点具有端结点和路由的功能：首先是实现数据的采集和处理，其次是实现数据的融合和路由，综合本身采集的数据和收到的其他结点发送的数据，转发到其他网关结点。传感结点的好坏会直接影响到整个传感器网络的正常运转和功能健全。

3. 网络与通信技术

作为对物联网提供信息传递和服务支撑的基础通道，通过增强现有网络通信技术的专业性与互联功能，以适应物联网低移动性、低数据率的业务需求，实现信息安全且可靠的传送，也是物联网研究的一个重点。物联网的实现涉及近距离无线通信和广域网络通信技术。

近距离无线通信是感知层中非常重要的一个环节，涉及 RFID、蓝牙等技术。远程传输技术涉及互联网的组网、网关等技术。由于感知信息的种类繁多，各类信息的传输对所需通信带宽、通信距离、无线频段、功耗要求、成本敏感度等都存在很大的差别。因此在无线局域网方面与以往针对人的通信应用存在很大区别，如何适应这些要求是物联网的关键技术之一。

现有的广域网通信系统主要是针对人的应用模型来设计的。在物联网中，其信息特征不同，对网络的模型要求也不同，物联网中的广域网通信系统如何改进、如何演变需要在物联网的发展过程中逐步探索和研究。广域网络通信方面主要包括 IP 互联网、4G/5G 移动通信、卫星通信等技术。

机器对机器通信技术（M2M）也是物联网实现的关键技术。与 M2M 可以实现技术结合的远距离连接技术有 GSM、GPRS、UMTS 等，WiFi、蓝牙、ZigBee、RFID 和 UWB 等近距离连接技术也可以与之相结合，此外还有 XML 和 CORBA，以及基于 GPS、无线终端和网络的位置服务技术等。M2M 可广泛应用于安全监测、自动售货机、货物跟踪等领域。

4. 数据挖掘与融合技术

现有的网络主要还是信息通道的作用，对信息本身的分析处理并不多，目前各种专业应用系统的后台数据处理也是比较单一的。

从物联网的感知层到应用层，各种信息的种类和数量都成倍增加，需要分析的数据量也成级数增加，同时还涉及各种异构网络和多个系统之间数据的融合问题。如何从海量的数据中及时挖掘出隐藏信息和有效数据，给数据处理带来了巨大的挑战。怎样合理、有效地整合、挖掘和智能处理海量的数据是物联网的难题之一。结合 P2P、云计算等分布式计算技术，是解决以上难题的一个途径。

云计算为物联网提供了一种新的高效率计算模式，可通过网络按需提供动态伸缩的廉价计算，其具有相对可靠并且安全的数据中心，同时兼有互联网服务的便利、廉价和大型机的能力，可以轻松实现不同设备间的数据与应用共享，用户无须担心信息泄露、黑客入侵等棘手问题。云计算是信息化发展进程中的一个里程碑，它强调信息资源的聚集、优化和动态分配，节约了信息化成本并大大提高了数据中心的效率。

5. 物联网安全技术

物联网安全与现有信息网络的安全问题存在不同，它不仅包含信息的保密安全，同时还新增了信息真伪鉴别方面的安全。互联网中的信息安全主要是信息保密安全，信息本身的真伪主要是依靠信息接收者——人来鉴别，但在物联网环境和应用中，信息接收者、分析者都是设备本身，其信息源的真伪就显得更加突出和重要，并且信息保密安全的重要性比互联网的信息安全更重要。如果安全性不高，一是用户不敢使用物联网；二是整个物质世界容易处于极其混乱的状态，后果不堪设想。

1.1.3 物联网发展趋势

物联网是通信网络的应用延伸和拓展，是信息网络上的一种增值应用。感知识别、传输、应用三个环节构成物联网产业的关键要素：感知识别是基础和前提，传输是平台和支撑，应用则是目的，是物联网的标志和体现。物联网发展不仅需要技术，更需要应用，应用才是物联网发展的真正推动力。

1. 物联网应用领域

各国政府对物联网的发展和应用十分重视，纷纷出台了战略指导规划。奥巴马就任美国总统后，积极回应了 IBM 公司提出的"智慧地球"概念，并将物联网计划升级为国家战略；日本政府在 2004 年推出了基于物联网的国家信息化战略 u-Japan（泛在网络计划），其理念是以人为本，实现所有人与人、物与物、人与物之间的连接；韩国于 2006 年把 u. Korea 战略修订为 u-IT839 计划，更加强调泛在网络技术的应用，使"服务-基础设施-技术创新产品"三者融合更加紧密，并于 2009 年 10 月制订了《物联网基础设施构建基本规划》，将物联网市场确定为新增长动力；欧盟推出了《欧盟物联网行动计划》（*Internet of Things-An action plan for Europe*），在医疗专用序列码、智能电子材料系统等应用方面做出了尝试。我国也把物联网提升到国家战略层面。2009 年，我国第一个"物联网城市"在无锡启动。总的来说，物联网在国内外都已有较多应用。

物联网的应用涉及国民经济和人类社会生活的方方面面。因此，物联网被称为是继计算机和互联网之后的第三次信息技术革命。

在智能交通方面，物联网技术可以自动检测并报告公路、桥梁的"健康状况"，还可以避免过载的车辆经过桥梁，也能够根据光线强度对路灯进行自动开关控制。可以通过检测设备，在道路拥堵或特殊情况时，系统自动调配红绿灯，并可以向车主预告拥堵路段、推荐行驶最佳路线，实现智能交通控制。

利用物联网技术构建的智能公交系统通过综合运用网络通信、地理信息系统（geographic information system，GIS）、全球定位系统（global positioning system，GPS）及电子控制等手段，集智能运营调度、电子站牌发布、集成电路卡（integrated circuit card，IC）收费、快速公交系统（bus rapid transit，BRT）于一体。

在智能建筑中通过感应技术，建筑物内照明灯能自动调节光亮度，实现节能环保，建筑物的运行状况也能通过物联网及时发送给管理者。同时，建筑物与 GPS 实时相连接，在电子地图上准确、及时反映出建筑物空间地理位置、安全状况、人流量等信息。

在文物保护方面，数字博物馆通过采用物联网技术，对文物保存环境的温度、湿度、光照、降尘和有害气体等进行长期监测和控制，建立长期的藏品环境参数数据库，研究文物藏品与环境影响因素之间的关系，创造最佳的文物保存环境，实现对文物蜕变损坏的有效控制。

通过在物流商品中植入传感芯片（结点），供应链上的购买、生产制造、包装/装卸、堆放、运输、配送/分销、出售、服务等各个环节都能准确无误地被感知和掌握。这些感知信息与后台的 GIS/GPS 数据库无缝结合，成为强大的物流信息网络。

通过标签识别和物联网技术，可以随时随地对食品生产过程进行实时监控，对食品质量进行联动跟踪，对食品安全事故进行有效预防，极大地提高了食品安全的管理水平。

以 RFID 为代表的自动识别技术可以帮助医院实现对病人不间断地监控、会诊和共享医疗记录，以及对医疗器械的追踪等。而物联网将这种服务扩展至全世界范围。RFID 技术与医院信息系统（hospital information system，HIS）及药品物流系统的融合，是医疗信息化的必然趋势。

通过成千上万个覆盖地面、栅栏和低空探测的传感结点，可以防止入侵者的翻越、偷渡、恐怖袭击等攻击性入侵。上海机场和上海世界博览会都成功采用了该技术。

在数字家庭方面，如果简单地将家庭里的消费电子产品连接起来，那只是一个多功能遥控器控制所有终端，仅仅实现了电视与电脑、手机的连接，这不是发展数字家庭产业的初衷。只有在连接家庭设备的同时，通过物联网与外部的服务连接起来，才能真正实现服务与设备互动。通过物联网，可以在办公室指挥家用电器的操作运行，在下班回家的途中，家里的饭菜已经煮熟，洗澡的热水已经烧好，个性化电视节目将会准点播放；家庭设施能够自动报修；冰箱里的食物能够自动补货。

2. 物联网产业发展趋势

根据预测，到 2035 年前后。中国的物联网终端将达到数千亿个。在国家大力推动工业化与信息化两化融合的大背景下，物联网是工业乃至更多行业信息化过程中一个比较现实的突破口。物联网产业的未来发展将呈现出下面的四个趋势。

1）应用市场不断细分

中国物联网产业的发展是以应用为先导的，存在着从公共管理和服务市场，到企业、行业应用市场，再到个人、家庭市场逐步发展成熟的细分市场递进趋势。目前，物联网产业在我国还是处于产业链逐步形成阶段，缺少成熟的技术标准和完善的技术体系，整体产业处于酝酿阶段。此前，RFID 市场一直期望在物流零售等领域取得突破，但是由于涉及的产业链过长，产业组织过于复杂，交易成本过高，产业规模有限，成本难以降低等问题使得整体市场成长较为缓慢。物联网概念提出以后，面向具有迫切需求的公共管理和服务领域，以政府应用示范项目带动物联网市场的启动将是必要之举。进而随着公共管理和服务市场应用解决方案的不断成熟、企业集聚、技术的不断整合和提升逐步形成比较完整的物联网产业链，从而将带动各行业大型企业的应用市场。待各行业的应用逐渐成熟后，就可以带动各项服务的完善、流程的改进，个人应用市场会随之发展起来。

    2）标准体系逐渐成熟

物联网标准体系是一个渐进发展成熟的过程，将呈现从成熟应用方案提炼形成行业标准，以行业标准带动关键技术标准，逐步演进形成标准体系的趋势。物联网概念涵盖众多技术、众多行业、众多领域，试图制定一套普适性的统一标准几乎是不可能的。物联网产业的标准将是一个涵盖面很广的标准体系，将随着市场的逐渐扩展而发展和成熟。在物联网产业发展过程中，单一技术的先进性并不一定保证其标准一定具有活力和生命力，标准的开放性和所面对的市场的大小是其持续下去的关键和核心问题。随着物联网应用的逐步扩展和市场的成熟，哪一个应用占有的市场份额更大，该应用所衍生出来的相关标准将更有可能成为被广泛接受的事实标准。

    3）通用平台自然出现

随着行业应用的逐渐成熟，新的通用性强的物联网技术平台将出现。物联网的创新是应用集成性的创新。一个单独的企业是无法完全独立完成一个完整的解决方案的，一个技术成熟、服务完善、产品类型众多、应用界面友好的应用，将是由设备提供商、技术方案商、运营商、服务商协同合作的结果。随着产业的成熟，支持不同设备接口、不同互联协议、可集成多种服务的共性技术平台将是物联网产业发展成熟的结果。物联网时代，移动设备、嵌入式设备、互联网服务平台将成为主流。随着行业应用的逐渐成熟，将会有大的公共平台、共性技术平台出现。无论是终端生产商、网络运营商、软件制造商，还是系统集成商、应用服务商，都需要在新的一轮竞争中寻找各自的重新定位。

    4）商业模式产生创新

针对物联网领域的商业模式创新将是把技术与人的行为模式充分结合的结果。物联网将机器、人、社会的行动互联在一起，新的商业模式出现将是把物联网相关技术与人的行为模式充分结合的结果。我国具有领先世界的制造能力和产业基础，具有五千年的悠久文化，中国人具有逻辑理性和艺术灵活性兼具的个性行为特质，物联网领域在我国一定可以产生领先于世界的新的商业模式。

1.2   生态物联网

    物联网实现现实物理世界与虚拟信息空间的互连整合，近几年来的迅猛发展表明 IT 领域的下一个变革正在到来。物联网是利用传感器网络、RFID 等技术实现对物理世界的全面感知，通过各种电信网络和互联网的融合实现可靠传输，并利用智能计算技术实现数据处理的网络系统，是信息技术中的一个新的领域，也是我国新一代信息技术自主创新突破的重点方向。物联网的应用领域主要体现在民众生活、城市管理和行业应用等方面，并将发挥改变人们生活、推动产业升级、迈向信息社会的"发动机"作用。

在行业应用方面，物联网的典型应用包括精细农业、智慧医疗、智能环保等。我国目前的生态环境形势十分严峻，主要原因之一表现为生态环境监测能力严重滞后。与传统的生态环境监测方式相比，基于物联网技术的生态环境监测具有精确度更高、可靠性更强、实时性更好等优点[5]。因此，生态物联网是物联网技术在生态环境保护领域的重要应用。

生态物联网的典型系统结构如图 1-2 所示。

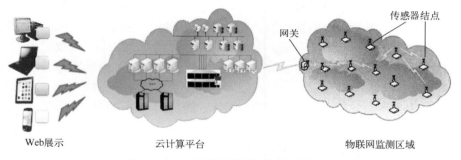

图 1-2　生态物联网的典型系统结构图

目前，我国的信息化技术对生态环境工作支撑能力不断增强，包括为污染防治攻坚战提供专网、云计算资源和数据服务，建设大气数据采集与共享和空气质量管理平台等。通过将智能技术和环保产业相结合，将对生态环境工作提供有效的支撑；同时，还会催生一个市场规模近千亿元的相关产业。其中物联网产业的需求规模预计占比会超过 60%。随着 5G 通信技术的商业化应用规模的不断扩大，它所具备的包括高带宽、低时延、大连接等优势，会进一步地促进生态环境领域各类传感器技术的发展和应用，构建起覆盖全国的一个巨型物联网系统。

现有的生态物联网技术主要应用在环境监控领域，具体包括 3 个方面：一是污染源自动监控，即在重要污染物排放企业安装自动监控设备；二是环境质量在线监测，主要包括空气质量自动监测、水质重点监测、环境噪声的自动监测等；三是环境卫星遥感，主要是通过热红外相机、超光谱成像仪等多种遥感探测设备对区域生态环境进行动态变化监测。另外，生态物联网也在不断扩展新的应用领域。

生态物联网等相关技术有广阔的应用前景。当前的生态环境监控在精度和广度等方面都还有很大的提升空间，既包括传感器设备的技术水平、制造成本和运维能力等，也包括基于大量自动获取数据的数据分析应用。与此相对应的是，生态环境领域对预测预警、精准判断等数据分析都有巨大的实际需求。

据了解，生态环境部正在开展我国的生态环境信息化体系设计工作。在初步的设计方案中，生态环境信息化体系将会建设一张高精度三维感知生态环境变化的生态环境物联网，一张横纵贯通全国生态环境领域、固定与移动相结合、高速可视智能的生态环境业务专网，一个支撑应用快速开发、数据共享交换、业务协同交互、大数据应用的统一云平台，一套覆盖全国、数据唯一可靠的生态环境数据，一个满足跨部门、跨层级、跨区域的生态环境部门业务协同"大系统"，一张动态反映生态环境现实、模拟预测趋势的"虚拟空间图"，以及依托国家政务服务平台的生态环境服务"一扇门"。

通过信息化体系建设，构建"生态环境最强大脑"，将会把生态环境信息化带入基于即时、全量、全网数据的"智能+生态环境"治理新时代，为打好污染防治攻坚战提供强力支撑。当前，生态环境信息化建设以生态环境数据采集、传输、处理、分析应用和展示为主线，将按照统一的生态环境信息资源目录，分层级分类别搭建上下对应的生态环境数据库，以生态环境业务专网为依托，通过生态环境数据共享服务平台，快速实现跨地区、跨部门、跨层级的数据交换共享。

1.3　数据挖掘技术

物联网也可以看作是互联网通过各个信息感应、探测、识别、定位、跟踪和监控等手段和设备向物理世界的延伸。但实际上，这只是人类社会向物理世界实现"感、知、控"的第一个环节，可以称之为物联网的"前端"，后两个环节可称之为物联网的"后端"。物联网作为一个由数量庞大的物体相互联结和整合而构成的动态网络，在运行过程中会产生巨大的数据量。同时，物体的状态数据通常以流的形式产生，因此在物联网中将会源源不断地产生大量的实时监测数据，需要及时地进行过滤和处理。

对于一个典型的生态物联网而言，按照每分钟读取一次监测数据来测算，假定每次 50 个字节，支持目前可用的 49 类监测数据，对于一个包含 10 个监测点的区域，每天的数据量就达到 35 MB，如果布设 100 个类似的监测区域，则每天的数据量达到 3.5 GB，一年的数据量约为 1 TB。如果再加上实时视频的保存，这个数据量会更大，使用传统的数据处理方法显然无法满足需要。

由于基于物联网得到的监测数据具有数据量庞大、时空相关性和不确定性等特点，因此需要采用必要的数据挖掘技术进行智能处理。

1.3.1　数据挖掘概念

1. 数据挖掘

数据挖掘（data mining，DM），也被称为数据库中的知识发现（knowledge discover in database，KDD），是一个从数据中提取模式的过程，也是一个受多学科影响的交叉领域，包括人工智能、机器学习、模式识别、统计学、数据库、可视化技术等；数据挖掘反复使用多种数据挖掘算法从观测数据中确定模式或合理模型，是一种决策支持过程。

数据挖掘通过高度自动化分析大量的数据，做出归纳性的推理，从中挖掘出潜在的模式，帮助决策者调整做出正确的决策。例如通过预测客户的行为，帮助企业的决策者调整市场策略，减少风险，做出正确的决策。由于传统的事务型工具（如查询工具、报表工具）无法回答事先未定义的综合性问题或跨部门/机构的问题，因此其客户必须清楚地了解问题的目的。数据挖掘就可以回答事先未加定义的综合性问题或跨部门/机构的问题，挖掘潜在的模式并预测未来的趋势，用户不必提出确切的问题，而且模糊问题更有利于发现未知的事实。因此，数据挖掘能够从大量数据中获取潜在有用的并且可以被人们理解的模式，亦即从大量数据中提取或"挖掘"知识，它是一个反复迭代的人机交互和处理的过程。从1989 年 8 月在美国底特律召开的第 11 届国际人工智能联合会议上首次出现"数据库中的知识发现"这个概念以后，数据挖掘逐渐受到了前所未有的重视。目前数据挖掘已经被广泛应用于各个领域。

2. 数据挖掘的步骤

数据挖掘的步骤会随不同领域的应用而有所变化，每种数据挖掘技术也会有各自的特性和使用步骤，针对不同问题和需求所制定的数据挖掘过程也会存在差异。此外，数据的完整程度、专业人员支持的程度等都会对建立数据挖掘过程有所影响。这些因素造成了数据挖掘在各不同领域中的运用、规划，以及流程的差异性，即使同一产业，也会因为分析技术和专业知识的涉入程度不同而不同，因此对于数据挖掘过程的系统化、标准化就显得格外重要。

数据挖掘的步骤包括如下阶段。

1）数据预处理阶段

数据预处理阶段主要完成下列任务。

数据准备：了解领域特点，确定用户需求。

数据选取：从原始数据库中选取相关数据或样本。

数据预处理：检查数据的完整性及一致性，消除噪声等。

数据变换：通过投影或利用其他操作减少数据量。

2）数据挖掘阶段

数据挖掘阶段主要完成下列任务。

确定挖掘目标：确定要发现的知识类型。

选择算法：根据确定的目标选择合适的数据挖掘算法。

数据挖掘：运用所选算法，提取相关知识并以一定的方式表示。

3）知识评估与表示阶段

知识评估与表示阶段主要完成下列任务。

模式评估：对在数据挖掘步骤中发现的模式（知识）进行评估。

知识表示：使用可视化和知识表示相关技术，呈现所挖掘的知识。

从上述步骤可看出，数据挖掘包含了大量的准备工作与规划工作，事实上许多专家都认为在整个数据挖掘的过程中，有80%的时间和精力是花费在数据预处理阶段，其中包括数据的净化、数据格式转换、变量整合，以及数据表的链接。可见，在进行数据挖掘技术的分析之前，还有许多准备工作要完成。

1.3.2 数据挖掘方法

1. 关联规则

关联规则也称作亲和力分析或关联分析。关联规则描述了一组数据项之间的密切度或关系。关联分析用于发现大数据集中项之间的关联性或相关性。关联规则所研究的数据项之间的关系在数据中没有明显、直接的联系，通过用户给定的最小支持度与最小置信度找出数据集中数据隐含的规则，关联规则是可以识别出特殊类型的数据关联模型。对于置信度和支持度均大于给定阈值的规则称为强规则，而关联分析主要就是对强规则的挖掘。

目前关联规则挖掘已经从单一概念层次关联规则的发现发展到多概念层次的关联规则的发现，并把研究的重点放在提高算法的效率和规模可收缩性上。它广泛地运用于帮助市场导向、商品目录设计、客户关系管理（CRM）和其他各种商业决策过程中。

关联分析算法包括：APRIORI算法、DHP算法、DIC算法、PARTITION算法及它们的各种改进算法等。另外，对于大规模、分布在不同站点上的数据库或数据仓库，关联规则的挖掘可以使用并行算法，如：Count分布算法、Data分布算法、Candidate分布算法、智能Data分布算法（IDD）和DMA分布算法等。

2. 分类

分类是找出一组数据对象的共同特点，并按照分类模式将其划归到不同的类。分类过程包括两个步骤：一是将学习算法应用于训练数据以得到分类模型；二是在未知的测试数据上应用分类模型来预测其类别标签。学习算法是指从已知的一组数据实例，即训练集建立分类模型的系统化方法。分类技术通常由一系列相关模型和用于学习这些模型的算法组成。

分类分析已经成功地应用在信息检索、网络安全、商业建模等很多领域。如文献检索和搜索引擎中的自动文本分类、网络安全领域中基于分类技术的入侵检测、商业领域中的客户分类和信用卡分析等。

使用技术上来分，分类方法可以分为四种类型：基于距离的分类方法、决策树分类方法、贝叶斯分类方法和规则归纳方法。基于距离的分类方法主要有最邻近方法；决策树分类方法有 ID3、C4.5、VFDT 等；贝叶斯分类方法包括朴素贝叶斯方法和 EM 算法；规则归纳方法包括 AQ 算法、CN2 算法和 FOIL 算法。

3. 聚类

聚类是将数据划分或分割成相交或者不相交的群组的过程。通过确定数据之间在预先指定的属性上的相似性就可以完成聚类任务。最相似的数据聚集成簇。由于簇并不是预先定义的，通常需要领域专家对所产生的簇的含义进行解释。聚类分析是按照某种相近程度度量方法将数据分成互不相同的一些分组。每一个分组中的数据相近，不同分组之间的数据相差较大。聚类分析的核心是将某些定性的相近程度测量方法转换成定量测试方法。采用聚类分析，系统可以根据部分数据发现规律，找出对全体数据的描述。

聚类分析可以作为一种独立的工具来获得数据分布的情况，观察每个簇的特点，并做出进一步的分析。聚类分析在实践中也得到了广泛的应用。在商务活动中，通过聚类可以发现不同的客户群，并用不同的购买模式来刻画其消费特征。在生物研究中，能够用于帮助推测动物和植物的种类、基因和蛋白质类型等，建立对种群中固定结构的认识。此外，聚类分析还可以作为其他方法的预处理步骤。

常用的聚类算法有 k-means 聚类算法、Canopy 聚类算法、FCM（fuzzy C-means，模糊 C 均值）聚类算法、DBSCAN（density-based spatial clustering of applications with noise，具有噪声的基于密度的聚类方法）聚类算法、LDA（latent dirichlet allocation，隐含狄利克雷分配）算法、层次聚类算法、基于 EM（expectation maximization，最大期望）的聚类算法等。

4. 离群点检测

离群点检测用于发现与大部分其他数据对象显著不同的对象。多数数据挖掘方法都会把这些数据视为噪声而丢弃，但是在一些应用中，罕见的数据可能蕴含着更大的研究价值。离群点一般可以分为全局离群点、情境离群点和集体离群点。全局离群点是指显著偏离数据集中其他对象的一个数据对象，情境离群点是指关于特定情境显著偏离其他对象的一个数据对象，集体离群点则是指作为整体显著偏离整个数据集的一个数据对象集合。

离群点检测已经被广泛应用于欺诈检测、网络入侵检测、医疗和公共卫生、天气预报等领域。例如信用卡公司可以通过发现盗刷信用卡的人在购买行为上的异常变化来发现盗贼；网络安全防护系统可以通过监测网络的异常行为来检测非法的入侵攻击；对于新冠肺炎或 H1N1 流感等疾病会导致患者出现一系列异常的检测结果，这对于及时发现和监测防控新发疾病非常重要。

常用的离群点检测方法有基于统计的方法、基于邻近性的方法和基于聚类的方法。基于统计模型的离群点检测方法需要假定数据集服从一个统计模型，同时对于高维数据的检验效果可能很差；基于邻近性检测离群点依赖于所使用的邻近性度量，但在某些应用中这种度量可能难以得到；基于聚类的方法由于开销较大，在面向大数据集时的可扩展性较差。

5. 人工神经网络

人工神经网络（artificial neural network，ANN）是一种模仿生物神经网络的结构和功能的数学模型或计算模型，由大量的人工神经元联结进行计算。大多数情况下人工神经网络能在外界信息的基础上改变内部结构，具有较强的并行处理能力和高度的自学习、自组织和自适应能力。它实现了一种非线性统计性数据建模工具，常用来对输入和输出间复杂的关系进行建模，或用来探索数据的模式。在非线性问题中，当特征变量的数目较大时，人工神经网络算法可以有效地发现数据的底层结构。

人工神经网络已经成功用于解决图像分类、语音识别、自然语言处理等问题，通过模拟人脑神经元结构，以 MP 模型和 Hebb 学习规则为基础，建立了三类神经元网络。前馈神经元网络主要以 BP 网络、感知器网络为代表，可以用于分类和预测等方面；反馈式网络以 Hopfield 网络为代表，用于联想记忆和优化方法的计算；自组织网络以 ART 模型、Kohonon 模型为代表，主要用于聚类。

6. 贝叶斯网络

贝叶斯网络是描述随机变量之间依赖关系的一种图形模式。它提供了一种自然地表示因果信息的方法，用来发现数据间的潜在关系。通过提供将因果知识和概率知识相结合的信息表示框架，使得不确定性推理在逻辑上变得更为清晰。由于它把图形理论的表达和计算能力与概率理论有机地结合在一起，所以在处理不确定性问题上具有许多优势，已经成为数据库中的知识发现和决策支持系统的有效方法。

贝叶斯网络在计算机智能科学、工业控制、医疗诊断等领域的许多智能化系统中都得到了重要的应用。

7. 粗糙集

粗糙集理论是一种研究不确定性、不精确知识的表达、学习、归纳的数学工具，可以在缺少先验知识的情况下，对数据进行分析和推理，从中发现隐含的知识，揭示潜在的规律。粗糙集理论以数据分类为基础。它把分类理解为在特定空间上的等价关系，而等价关系又构成了对该空间的划分。

粗糙集理论的主要思想是利用已知的知识库对不精确或不确定的知识进行近似刻画，并且不需要提供数据集合之外的任何先验信息，所以对问题的不确定性的描述或处理都比较客观，与概率论、模糊数学和证据理论等其他处理不确定或不精确问题的理论有很强的互补性。

粗糙集理论可以应用于数据挖掘中的分类、发现不准确数据或噪声数据内在的结构关系等，还经常与其他数据挖掘算法，如神经网络、模糊集理论、遗传算法结合起来，分析和处理较为复杂的非线性化、非结构化问题。

8. 遗传算法

遗传算法是一种受生物进化启发的学习方法，通过模拟达尔文生物进化论的自然选择和遗传学机理的生物进化过程建立计算模型。遗传算法从代表问题可能潜在解集的一个种群开始。种群由经过基因编码的一定数量的个体组成，每个个体都是染色体带有特征的实体。染色体多个基因的集合，也是遗传物质的主要载体，其内部表现是某种基因组合，并决定个体形状的外部表现。初代种群产生之后，按照适者生存和优胜劣汰的原理，逐代演化产生出越来越好的近似解。在每一代都会根据问题域中个体的适应度大小来选择个体，并借助自然遗传学的遗传算子进行组合交叉和变异，产生出代表新的解集的种群。

遗传算法的整个过程导致种群像自然进化一样，后生代种群比前代更加适应环境，末代种群中的最优个体经过解码就可以作为问题的近似最优解，在数据挖掘中可用于评估其他算法的适合度。

9. 模糊集

模糊集理论把考查对象以及反映它的模糊概念作为一定的模糊集合，建立适当的隶属函数，通过模糊集合的有关运算和变换，对模糊对象进行分析。它以模糊数学为基础，研究有关非精确的现象。模糊集合是指具有某个模糊概念所描述的属性的对象全体。

模糊集方法利用模糊集理论对实际问题进行模糊评判、模糊决策、模糊聚类分析和模糊模式识别，具有广阔的应用前景。

第 2 章　生态物联网监测点相邻关系判定

2.1　聚类分析方法

聚类分析是根据样本相似度进行分簇的一种方法，其目标是实现簇内样本相似度最大、簇间样本相似度最小[3]。组内相似性越大，组间差距越大，说明聚类效果越好。

1. 聚类分析的基本过程

（1）数据准备：包括特征标准化和降维。

（2）特征选择：从原始特征中选择部分关键特征，存储到向量中。

（3）特征提取：通过对所选择的关键特征进行转换形成新的突出特征。

（4）聚类分析：选择合适特征类型的某种距离函数（或构造新的距离函数）进行距离程度的度量，然后据此进行聚类或分簇。

（5）结果评估：对聚类结果进行外部有效性评估、内部有效性评估和相关性测试评估等。

其中，影响聚类效果的主要因素是衡量距离的方法和聚类算法。

2. 距离计算方法

1）欧氏距离

欧氏距离（Euclidean distance）源自欧氏空间中两点间的距离公式。两个 n 维向量 $\boldsymbol{a}(x_{11}, x_{12}, \cdots, x_{1n})$ 与 $\boldsymbol{b}(x_{21}, x_{22}, \cdots, x_{2n})$ 间的欧氏距离：

$$d_{12} = \sqrt{\sum_{k=1}^{n} (x_{1k} - x_{2k})^2}$$

2）曼哈顿距离

曼哈顿距离（Manhattan distance）也称为城市街区距离（city block distance）。两个 n 维向量 $\boldsymbol{a}(x_{11}, x_{12}, \cdots, x_{1n})$ 与 $\boldsymbol{b}(x_{21}, x_{22}, \cdots, x_{2n})$ 间的曼哈顿距离为

$$d_{12} = \sum_{k=1}^{n} |x_{1k} - x_{2k}|$$

3）切比雪夫距离

切比雪夫距离（Chebyshev distance）类似国际象棋里国王移动的最少步数。

两个 n 维向量 $\boldsymbol{a}(x_{11}, x_{12}, \cdots, x_{1n})$ 与 $\boldsymbol{b}(x_{21}, x_{22}, \cdots, x_{2n})$ 间的切比雪夫距离为

$$d_{12} = \max_i (|x_{1i} - x_{2i}|)$$

4）闵氏距离

两个 n 维变量 $\boldsymbol{a}(x_{11}, x_{12}, \cdots, x_{1n})$ 与 $\boldsymbol{b}(x_{21}, x_{22}, \cdots, x_{2n})$ 间的闵可夫斯基距离（Minkowski distance，简称闵氏距离）定义为

$$d_{12} = \sqrt[p]{\sum_{k=1}^{n} |x_{1k} - x_{2k}|^p}$$

其中，当 $p=1$ 时，就是曼哈顿距离；当 $p=2$ 时，就是欧氏距离；当 $p \to \infty$ 时，就是切比雪夫距离。

闵氏距离存在两个主要的缺点：一是对各个维度的分量量纲作相同的对待，而实际应用中可能存在较大的差别；二是忽略了各个维度分量的分布（期望、方差等）可能存在不同。

5）标准化欧氏距离

两个 n 维向量 $\boldsymbol{a}(x_{11}, x_{12}, \cdots, x_{1n})$ 与 $\boldsymbol{b}(x_{21}, x_{22}, \cdots, x_{2n})$ 间的标准化欧氏距离（standardized Euclidean distance）的公式：

$$d_{12} = \sqrt{\sum_{k=1}^{n} \left(\frac{x_{1k} - x_{2k}}{s_k} \right)^2}$$

标准化欧氏距离是为了弥补欧氏距离忽略数据各维分量的分布不同的缺点，先将各个分量都"标准化"到均值、方差相等。假设样本集 X 的均值（mean）为 m，标准差（standard deviation）为 s，那么 X 的"标准化变量"表示为

$$X^* = \frac{X-m}{s}$$

样本集的标准化过程用公式描述为

标准化后的值 = (标准化前的值−分量的均值)/分量的标准差

经过推导即可得到上面的距离公式。

6）马氏距离

有 M 个样本向量 $\boldsymbol{X}_1 \sim \boldsymbol{X}_m$，协方差矩阵记为 $\boldsymbol{S}$，其中向量 $\boldsymbol{X}_i$ 与 $\boldsymbol{X}_j$ 之间的马氏距离（Mahalanobis distance）定义为：

$$D(\boldsymbol{X}_i, \boldsymbol{X}_j) = \sqrt{(\boldsymbol{X}_i - \boldsymbol{X}_j)^{\mathrm{T}} \boldsymbol{S}^{-1} (\boldsymbol{X}_i - \boldsymbol{X}_j)}$$

马氏距离与各分量的量纲无关，排除了变量之间相关性的干扰。

7）余弦距离（cosine distance）

借用几何中夹角余弦衡量两个向量方向差异的思路，也可以用来衡量样本向量之间的差异。两个 n 维样本点 $\boldsymbol{a}(x_{11}, x_{12}, \cdots, x_{1n})$ 和 $\boldsymbol{b}(x_{21}, x_{22}, \cdots, x_{2n})$ 的夹角余弦定义为

$$\cos\theta = \frac{\sum\limits_{k=1}^{n} x_{1k}x_{2k}}{\sqrt{\sum\limits_{k=1}^{n} x_{1k}^2} \sqrt{\sum\limits_{k=1}^{n} x_{2k}^2}}$$

夹角余弦取值范围为$[-1,1]$，值越大表示两个向量的夹角越小，越小表示两向量的夹角越大。

3. 聚类算法

聚类算法包括划分式聚类算法、层次化聚类算法、基于密度的聚类算法、基于网格的聚类算法等。

1）划分式聚类算法

划分式聚类算法预先指定聚类数目或聚类中心，反复迭代逐步降低目标函数误差值直至收敛，得到最终结果。

经典的k-means算法流程如下：

（1）随机地选择k个对象，每个对象初始地代表了一个簇的中心。

（2）对剩余的每个对象，根据其与各簇中心的距离，将它赋给最近的簇。

（3）重新计算每个簇的平均值，更新为新的簇中心。

（4）迭代执行第（2）、（3）步。

（5）直到聚类中心不再发生移动或到达最大迭代次数，完成聚类。

2）层次化聚类算法

层次化聚类算法的核心思路是：把每一个样本都视为一个类，而后计算各类之间的距离，选取最相近的两个类，将它们合并为一个类。新的这些类再继续计算距离，合并到最近的两个类。如此往复，最后就只有一个类。然后用树状图记录这个过程，这个树状图就包含了所需要的信息。

典型的层次化聚类算法流程如下：

（1）计算类与类之间的距离，用邻近度矩阵记录。

（2）将最近的两个类合并为一个新的类。

（3）根据新的类，更新邻近度矩阵。

（4）迭代执行第（2）、（3）步。

（5）到只剩一个类时，完成聚类。

3）基于密度的聚类算法

基于密度的聚类算法的核心思想是：在数据空间中找到分散开的密集区域，只要邻近区域的密度超过某个阈值，就继续聚类。

经典的DBSCAN算法将簇定义为密度相连的点的最大集合，能够把具有足够高密度的区域划分为簇，并可在噪声的空间数据集中发现任意形状的聚类。

（1）概念

密度：空间中任意一点的密度是以该点为圆心，以 E_{ps} 为半径的圆区域内包含的点数目

邻域：空间中任意一点的邻域是以该点为圆心，以 E_{ps} 为半径的圆区域内包含的点集合

核心点：空间中某一点的密度，如果大于某一给定阈值 $\min P_{ts}$，则称该点为核心点

（2）DBSCAN 算法流程

① 通过检查数据集中每点的 E_{ps} 邻域来搜索簇，如果点 p 的 E_{ps} 邻域内包含的点多于 $\min P_{ts}$ 个，则创建一个以 p 为核心的簇；

② 通过迭代聚集这些核心点 p 距离 E_{ps} 内的点，然后合并成为新的簇（可能）；

③ 当没有新点添加到新的簇时，聚类完成。

4）基于网格的聚类算法

基于网格的聚类原理是将数据空间划分为网格单元，将数据对象映射到网格单元中，并计算每个单元的密度。根据预设阈值来判断每个网格单元是不是高密度单元，由邻近的稠密单元组成"类"。

典型算法流程如下：

① 将数据空间划分为网格单元。

② 依照设置的阈值，判定网格单元是否稠密。

③ 合并相邻稠密的网格单元为一类。

在实际应用中，如何选择距离计算方法和聚类算法，需要根据其优缺点，针对具体问题做出最适合的选择。

4. 聚类结果评估

对聚类结果进行评估通常有内部有效性评估、外部有效性评估和相关性测试评估等方式。

1）内部有效性评估

内部有效性评估是直接对聚类结果进行评估，不利用任何外部信息，也被称为无监督评估。相关的度量指标被称为内部指标。常用的内部指标有误差平方和、轮廓系数、CH 系数等。

（1）误差平方和

误差平方和（sum of the square error，SSE）定义为：

$$SSE = \sum_{i=1}^{K} \sum_{x \in C_i} \mathrm{dist}(c_i, x)^2$$

其中，C_i 是第 i 个簇，x 是 C_i 中的样本点，c_i 是 C_i 的质心。那么 SSE 就是所有样本的聚类误差，它代表了聚类效果的水平，值越小说明聚类效果越好。

（2）轮廓系数

数据集中第 i 个样本的轮廓系数（silhouette coefficient）定义为：

$$S(i) = \frac{b_i - a_i}{\max(a_i, b_i)}$$

其中，a_i 是第 i 个样本到它所在的簇中其他样本的平均距离，也叫作凝聚度，b_i 是第 i 个样本到其他簇的平均距离中的最小值，也叫作分离度。

轮廓系数取值范围是 $[-1, 1]$，值越大说明簇内紧凑性和簇间分离性越好。可以用所有样本的轮廓系数平均值对聚类结果进行评估，值越大说明聚类效果越好。

（3）CH 系数

CH（Calinski-Harabasz）系数定义为：

$$CH(k) = \frac{SSB(m-k)}{SSW(k-1)}$$

其中，m 为样本数，k 为簇数，SSB 表示簇间距离的平方和，SSW 表示每个样本与所在簇均值的距离的平方和，分别定义如下：

$$SSB = \sum_{j=1}^{k} n_j \| C_j - \overline{X} \|^2$$

$$SSW = \sum_{j=1}^{k} \sum_{i=1}^{n_j} \| x_i - C_j \|^2$$

其中，所有样本均值为 $\overline{X}$，簇数为 k，第 j 个簇的均值为 C_j，簇中样本个数为 n_j，x_i 代表各个样本。

CH 系数分别用 SSB 和 SSW 来度量簇间分离度和簇内紧凑性，由其比值求得，值越大说明聚类效果越好。

式中的 $(m-k)$ 反映的是降维的强度，例如从 100 个样本聚 3 类就比从 4 个样本聚 3 类的效果要好；除以 $(k-1)$ 的含义是 k 值越大，说明聚的越细，例如 100 个样本聚 99 类则失去意义。

2）外部有效性评估

外部有效性评估是度量聚类结果与某个参考模型的匹配程序，需要使用数据集以外的信息，相关的度量指标被称为外部指标。常用的外部指标有纯度、F 值、调整兰德系数等。

数据集以外的信息通常是样本的类别标签，即在已知样本所属的类别的前提下进行聚类，因此也称为监督评估。

（1）纯度

簇 i 的纯度（purity）定义为：

$$p(i) = \max_j \frac{m_{ij}}{m_i}$$

其中，m_i 是簇 i 中的样本个数，m_{ij} 是簇 i 中属于类 j 的样本个数，即取各种情况下的最大值代表当前簇的纯度。聚类结果的总纯度用各个簇纯度 P 的加权平均表示，权值基于簇的大小，即

$$P = \sum_{i=1}^{K} \frac{m_i}{m} p(i)$$

其中，K 为簇的数量，m 是样本总数。

纯度的取值范围是［0，1］，值越大说明聚类效果越好。

（2）F 值

簇 i 关于类 j 的 F 值定义为：

$$F(i,j) = \frac{2 \times \text{precision}(i,j) \times \text{recall}(i,j)}{\text{precision}(i,j) + \text{recall}(i,j)}$$

其中，$\text{precision}(i,j)$ 是簇 i 关于类 j 的精度，表示簇中一个特定类的样本所占的比例；$\text{recall}(i,j)$ 是簇 i 关于类 j 的召回率，表示簇中包含一个特定类的所有对象的程度，分别定义如下：

$$\text{precision}(i,j) = \frac{m_{ij}}{m_i}, \ \text{recall}(i,j) = \frac{m_{ij}}{m_j}$$

其中，m_i 是簇 i 中的样本个数，m_{ij} 是簇 i 中属于类 j 的样本个数。

聚类结果的总 F 值用各个类的 F 值的加权平均表示，权值基于类的大小，即

$$F = \sum_j \frac{n_j}{n} \max_i F(i,j)$$

其中，n_j 是类 j 中的样本数量，n 是样本总数。

F 值度量一个簇在多大程度上只包含一个特定类的样本和包含该类所有的样本，其取值范围是［0，1］，值越大说明聚类效果越好。

（3）调整兰德系数

首先定义兰德系数（rand index，RI）为：

$$\text{RI} = \frac{\text{TP+TN}}{\text{TP+FP+FN+TN}}$$

其中，TP 表示两个同类样本在同一个簇中的情况数量，FP 表示两个非同类样本在同一个簇中的情况数量，TN 表示两个非同类样本分别在两个簇中的情况数量，FN 表示两个同类样本点分别在两个簇中的情况数量。

为了提高区分度，对兰德系数进行了改进，定义调整兰德系数（adjusted rand index，ARI）为：

$$ARI = \frac{2\times(TP\cdot TN - FN\cdot FP)}{(TP+FN)(FN+TN)+(TP+FP)(FP+TN)}$$

调整兰德系数的取值范围是$[-1,1]$，值越大说明聚类效果越好。

3）相关性测试评估

相关性测试评估并不是一种单独的评估度量类型，而是对不同的聚类结果使用同一度量指标进行相互比较。

2.2　物联网监测点相邻关系

在目前的各类物联网监测系统中，由于受到感知设备和传输网络故障甚至人为故意因素等影响，普遍存在着大量的无效或异常数据。比如在大气质量实时监测系统中，存在$0.95\%\sim3.18\%$的各类异常数据[1]。这些异常数据影响整体数据的可用性，需要进行数据有效性审核。在判定数据异常以异常数据进行修正时，通常需要参照邻居监测点的同类监测值。例如，在发现异常数据时，使用邻居监测点的监测数据平均值（一般性处理）或最大值（惩罚性处理）对异常值进行修正[2]。因此，判定物联网监测点的相邻关系，是物联网监测异常数据处理中一个必须解决的基本问题。

现有的物联网监测数据处理系统一般是根据监测点所属的行政区域或所在地理位置作为相邻关系的判定依据。这种判定方法含义直观且实现简单，但是由于监测对象的复杂性，并不能很好地满足实际需要。为了解决这一问题，采用一种基于聚类分析的物联网监测点相邻关系判定方法，能够为物联网监测数据有效性审核提供更加科学合理的依据。

定义2-1　监测点的相邻关系：在物联网监测点集合A上定义的等价关系R，满足自反性、对称性和传递性，称作监测点的一个相邻关系。

定义2-2　监测点的相邻区域：物联网监测点a在监测点集合A上形成的R等价类$[a]_R$，称作监测点a的相邻区域。

定义2-3　监测点的相邻结点：物联网监测点集合A中，与监测点a同属一个相邻区域的其他监测点，称作监测点a的相邻结点。

定义2-4　监测点的相邻分区：物联网监测点集合A的一个划分，称作监测点的一种相邻分区。

关于物联网监测点的相邻关系，有以下定理。

定理2-1　物联网监测点集合A关于相邻关系R的商集A/R，是监测点集合

A 的一种相邻分区。

证明：商集 A/R 是相邻关系 R 的等价类集合，即，其中等价类 $[x]_R = \{y \in A \mid (x, y) \in R\}$。而 A 的划分是其非空子集的集合，且满足以下条件

$$A_i \cap A_j = \varnothing, \ i \neq j; \ \cup A_i = A。$$

下面证明商集 A/R 是监测点集合 A 的一个划分。

首先，有非空；

其次，若，则有；

$$\bigcup_{x \in A} [x]_R = A$$

最后，$\forall x \in A$，有，故，又有，所以

由上可知，商集 A/R 是监测点集合 A 的一个划分。

根据定义 2-4，物联网监测点集合 A 关于相邻关系 R 的商集 A/R，是监测点集合 A 的一种相邻分区。

性质 2-1　监测点的相邻分区是一个相邻区域集合。

根据定理 2-1，商集 A/R 是监测点集合 A 的一个相邻分区。因为商集 A/R 是相邻关系 R 的等价类集合，所以相邻分区是一个 R 等价类集合。

又根据定义 2-2，相邻区域是 R 等价类。所以监测点的相邻分区是一个相邻区域集合。

性质 2-2　一个相邻关系对应一种相邻分区；一种相邻分区对应一个相邻关系。

根据定义 2-1，相邻关系是监测点集合 A 上的一个等价关系。

根据定义 2-4，相邻分区是监测点集合 A 的一个划分。

由等价关系和划分之间的一一对应关系，可知一个相邻关系对应一种相邻分区；一种相邻分区对应一个相邻关系。

由前述定理和性质可知，对于物联网监测点集合，只要给定一个相邻关系，就可以确定一种相邻分区，进而确定各个监测点所在的相邻区域及其相邻结点。

定义 2-5　监测点的行政相邻结点：把监测点相邻关系定义为属于同一行政区域，与监测点 a 具有该相邻关系的监测点称作监测点 a 的行政相邻结点。

例如，将同一市级行政区域内的监测点划分为一个相邻区域。这种相邻关系判定方法的好处是与各监测点行政管辖体制保持一致，便于管理。但是很多行政区域的形状很不规则，这会导致部分监测点与同一相邻区域内的其他结点地理距离过远，其监测值在异常数据判定和异常值修正时的参照价值不大。

定义 2-6　监测点的地理相邻结点：在监测范围内选定若干地理中心点，把监测点相邻关系定义为与地理中心点距离小于指定值。与监测点 a 具有该相邻关系的监测点称作监测点 a 的地理相邻结点。

　　这种相邻关系判定方法能够避免行政区域形状不规则所导致的问题。但是通过分析实际监测数据可以发现，地理距离相近的监测点，其监测数据的差别也可能很大；地理距离较远的监测点，也存在数据相近的现象。例如在大气质量监测中，由于其影响因素众多，且影响机制复杂。部分地理位置距离很近的监测点，其周边的大气质量却相差很大，也不适合相互参照。

　　定义 2-7　监测点的物理相邻结点：使用物联网监测点在现实世界中已经存在的某种关系作为相邻关系，把据此确定的相邻结点，称作监测点的物理相邻结点。前述的行政相邻结点和地理相邻结点都属于物理相邻结点。

　　物理相邻结点的相邻关系是基于现有的某种规则来判定，实现比较容易。但由于部分相邻监测点的参照价值不大，因此基于这种相邻关系进行监测数据处理，其实际效果往往并不合理。这是因为所使用的相邻关系与监测对象的内在关联性可能并不一致，所以不能准确反映监测数据的本质特征。

2.3　基于聚类的监测点逻辑相邻关系判定

　　根据 2.2 节中性质 2-2 可知，如果能够提供一种更加合理的相邻分区，就可以确定一个更好的相邻关系。在生态物联网中，为了克服物理相邻结点在数据有效性分析方面存在的不足，考虑基于历史监测数据，根据数据自身的特征采用数据聚类分析的方法来实现相邻关系的判定。

2.3.1　监测点逻辑相邻关系判定

1. 监测点逻辑相邻关系

　　定义 2-8　监测点的逻辑相邻结点：采用聚类分析方法，基于历史监测数据自身的特征将监测点集合划分为一组相邻区域，再根据所得到的相邻分区来判定监测点的相邻关系。把具有该相邻关系的相邻结点称作监测点的逻辑相邻结点。

　　生态物联网监测的基本形式是在特定范围内部署一组监测点，在每个监测点安装一组传感器来采集监测数据。所得到的监测数据通常是以时间序列形式保存的一组监测值，一般的数据格式见表 2-1。这里假定每个监测点安装了 N 种传感器，以小时为数据采集间隔。那么，各监测点每隔一个小时会产生一组监测数据。

表 2-1　某物联网监测点的监测数据格式

年	月	日	时	参数 1	参数 2	…	参数 N
××××	××	××	××	value11	value21	…	valueN1
××××	××	××	××	value12	value22	…	valueN2
××××	××	××	××	value13	value23	…	valueN3

拟采用聚类分析的方法来判定监测点关于某一参数 T 的相邻关系。取出所有监测点的参数 T 监测值序列，该监测值序列能够描述监测点关于参数 T 的数据特征。通过对所有的监测值序列进行聚类分析，能够把所有监测点归入不同的簇中，用所得到的聚类结果作为监测点相邻关系的判定依据。

2. 监测点逻辑相邻关系判定算法

利用聚类分析实现物联网监测点相邻关系判定的算法如图 2-1 所示。

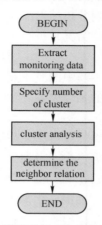

图 2-1　物联网监测点相邻关系判定算法

具体处理过程如下。

1）提取监测数据

监测数据的基本格式如表 2-1 所示。这里以大气质量监测数据为例，说明提取过程。监测对象是 8 类主要大气污染物，数据形式为小时均值。某监测点的大气质量监测数据形式如表 2-2 所示。以各监测点关于 $PM_{2.5}$ 的相邻关系判定为例，每个监测点每天产生 24 个监测值，如果使用 n 天的历史数据，则用个监测值来描述该监测点关于 $PM_{2.5}$ 的数据特征。这些监测值构成一个数据序列。

表 2-2　某大气质量监测点监测数据

年	月	日	时	污染物项目							
				SO_2	CO	NO	NO_2	O_3	O_3(8h)	PM_{10}	$PM_{2.5}$
××××	09	01	01	0.027	1.682	0.001 0	0.071	0.015	0.033	0.191	0.128
××××	09	01	02	0.023	1.505	0.002 0	0.056	0.007 0	0.018	0.23	0.135
××××	09	01	03	0.016	1.66	0.006 0	0.039	0.003 0	0.014	0.226	0.118
××××	09	01	04	0.018	1.596	0.004 0	0.039	0.008 0	0.012	0.215	0.115

对所有的监测点数据进行相同处理，可以得到一组描述各监测点的数据序列。

2）确定簇数量

在聚类分析中，确定簇数量是一个关键问题。通常根据业务需求或分析动机来确定簇数，或者采用经验值，n 是待分析的对象总数。另外，也有研究在使用不同的簇数进行聚类分析后，根据分析结果计算评估指标或分析指标变化趋势，再据此确定合适的簇数[4]。

3）进行聚类分析

选择合适的聚类算法也是影响分析结果的一个重要因素。在实际应用中，需要结合数据类型、聚类目的等具体情况来进行选择。

4）判定相邻关系

整理聚类分析结果，归入同一簇中的监测点互为相邻结点，构成一个相邻区域。据此即可判定各监测点之间的相邻关系。

3. 样本距离定义

样本距离用于实现样本相似性的度量，并作为聚类分析的依据。传统的距离定义包括欧氏距离、曼哈顿距离等。为了得到更好的分析效果，有学者分别研究了分数范数[5]、DTW（dynamic time warping，动态时间归整）距离[6-7]、实补偿编辑距离[8]等在样本相似性度量方面的应用。事实上，距离定义的方式与聚类分析的对象特征及分析目标直接相关，很难找到一种适合所有聚类分析的相似性度量方式。

对监测数据进行聚类分析的目的是发现不同监测点的监测数据之间数值的相近程度。为此，定义样本距离如下：

定义 2-9 监测数据序列的距离：对于监测数据序列 x 和 y，定义两者之间的距离为

$$D(x,y) = \left| \sum_{i=1}^{n} (x_i - y_i) \right|$$

其中 n 为数据序列长度。

这个距离定义是把两个数据序列的所有对应维度的数据差值做和，最后取绝对值。

4. 基于轮廓系数的算法和簇数量选择

轮廓系数[9]是在没有基准条件的情况下，利用数据集中对象的相似性度量来考察聚类结果中簇内紧凑性和簇间分离性，对聚类结果进行评估。

定义 2-10 轮廓系数：数据集中第 i 个对象的轮廓系数为

$$S(i) = \frac{b_i - a_i}{\max(a_i, b_i)}$$

其中，a_i 是第 i 个对象到它所在的簇中其他对象的平均距离，b_i 是第 i 个对

象到其他簇的平均距离中的最小值。

$S(i)$ 的取值在 −1~1 之间，越接近 1 说明第 i 个对象所在的簇紧凑性越好，且与其他簇越远离。如果取值接近 0，表示簇间区分不明显，如果接近 −1，则表示分簇错误。可以用数据集中所有对象的轮廓系数平均值作为聚类质量的评估指标。

在监测点相邻关系判定算法中，需要确定聚类结果的簇数，并选择适当的聚类算法。由于物联网监测点的相邻情况是未知的，因此本研究采用轮廓系数作为确定簇数和选择算法的依据。具体做法是：使用多种聚类算法和不同的簇数进行多次聚类分析，分别求出其轮廓系数，取轮廓系数最大者作为最终结果。

2.3.2　监测点逻辑相邻关系数据分析

实验数据使用北京周边的 28 个监测点 30 天的 PM2.5 监测数据，图 2-2 是这些监测点的位置分布图。这些监测点大致均匀地环绕在北京周围，所处的地理环境既有平原和山区，也涵盖了工业发达地区和农业生产地区。对这些监测点进行随机编号，分别用 1~28 来代表，在图 2-2 中作相应的标注。从原始监测数据中提取出 28 个监测点某月 30 天的 $PM_{2.5}$ 监测数据，作为实验数据集。

图 2-2　监测点分布图

　　使用层次聚类算法，分别取簇间距离度量方法为 complete、average、simple、ward、median、mcquitty 等，簇数量使用 3~6 对实验数据集进行聚类分析。表 2-3 是各个聚类结果的轮廓系数。

表 2-3　聚类分析轮廓系数表

簇数 K	3	4	5	6
method = complete	0.571	0.565	0.587	0.576
method = ward. D	0.496	0.492	0.552	0.587
method = average	0.551	0.514	**0.591**	0.574
method = median	0.561	0.522	0.437	0.491
method = single	0.169	0.514	0.437	0.367
method = mcquitty	0.561	0.524	0.488	0.491

　　可以看到，采用平均距离（average），簇数 K 取 5 时的聚类效果最好。

　　表 2-4~ 表 2-7 分别给出了簇数 K 为 3~6 时的最优聚类结果。

表 2-4　K = 3，method = complete 聚类结果

簇　数	簇名称	监测点编号	监测点数	轮廓系数
3	A	4、6、8、12、13、14、15、16、17、18、19	11	0.571
	B	1、5、7、10、20、22、23、24、25	9	
	C	2、3、9、11、21、26、27、28	8	

表 2-5　K = 4，method = complete 聚类结果

簇　数	簇名称	监测点编号	监测点数	轮廓系数
4	A	13、14	2	0.565
	B	4、6、8、12、15、16、17、18、19	9	
	C	1、5、7、10、20、22、23、24、25	9	
	D	2、3、9、11、21、26、27、28	8	

表 2-6　K = 5，method = average 聚类结果

簇　数	簇名称	监测点编号	监测点数	轮廓系数
5	A	13、14	2	0.591
	B	4、6、8、12、15、16、17、18、19	9	
	C	1、5、7、10、20、22、24、25	8	
	D	9、26、	2	
	E	2、3、11、21、23、27、28	7	

表 2-7 $K=6$，method＝ward 聚类结果

簇　数	簇名称	监测点编号	监测点数	轮廓系数
6	A	13，14	2	0.587
	B	12，15，17，18，19	5	
	C	4，6，8，16，20，24	6	
	D	1，5，7，10，22，25	6	
	E	9，26，	2	
	F	2，3，11，21，23，27，28	7	

作为对比，表 2-8 和表 2-9 分别给出了行政相邻关系和地理相邻关系的判定结果。

表 2-8 行政相邻关系分析结果

区域数	区域名称	监测点编号	点　位　数	轮廓系数
3	北部	13，14，15，16，17，18，19	7	0.124
	东部	4，5，6，7，8，24，25，26，27	9	
	中部	1，2，3，9，10，11，12，20，21，22，23，28	12	

表 2-9 地理相邻关系分析结果

区域数	区域名称	监测点编号	点　位　数	轮廓系数
5	A	13，14，15，18，19	5	0.075
	B	1，2，3，28	4	
	C	9，10，11，12，16	5	
	D	20，21，22，23，26，27	6	
	E	4，5，6，7，8，17，24，25	8	

行政相邻关系判定中，把 28 个监测点按照所属的行政区域分为北部、东部和中部三个区域。

地理相邻结点的判定按照均匀分布原则，在整个覆盖区域内指定 5 个地理中心点，然后根据地理距离将所有监测点划分为 5 个不同的相邻区域。

实验结果显示，采用聚类分析判定相邻关系，在各种算法所得到的结果中，轮廓系数都大于 0.5，说明其簇内紧凑度和簇间分离度都比较合理。

当簇数为 3 时，三个分簇 A、B、C 中的监测点数分别为 11、9、8，簇的大小比较均衡；簇数为 4 时，表 2-4 中的簇 A 被分化为两个簇，监测点 13、14 单

独成簇，另外两个簇保持不变；簇数为 5 时，监测点 9、26 被分出单独成簇，其他簇基本保持不变；簇数为 6 时，表 2-6 中的簇 B 和簇 C 被分化为三个簇，其他簇保持不变。这里的簇名称 $A \sim F$ 只是用来区分聚类结果的标记，不包含好坏判断。可以看到，聚类分析的结果中各簇数量比较均衡，随着簇数的增加，簇间区分越来越细，各簇的构成保持逻辑上的一致。

　　将聚类分析结果与物理相邻关系结果相比较，逻辑相邻 3 类中的 A 类与行政相邻中的北部区域重合较大，逻辑相邻 5 类中的 A 类与地理相邻中的 A 类也有较大重合。这是因为行政相邻中的北部区域和地理相邻中的 A 类所包含的监测点均地处坝上草原和太行山区，工业化程度普遍较低，所以这些监测点的大气质量都比较好。因此，这些监测点也存在逻辑上的相邻关系，所以出现重合较多的现象。

　　对于其他各相邻区域的划分结果，实验结果与物理相邻关系分析结果差别较大。两种物理相邻关系判定结果的轮廓系数都在 0.1 左右，说明其分簇并不合理，这与之前的分析结论是一致的。

　　聚类分析能够根据数据内在的特征，基于相似度将未标记的样本划分为若干簇，客观反映了数据本身所隐含的规律。这里通过提取特定参数的监测数据序列，使用层次聚类算法对部分大气质量监测点进行聚类分析。实验结果显示，根据聚类分析结果所判定的监测点相邻关系稳定，并且能够结合现实情况做出合理解读，具有良好的可解释性，相比传统的根据行政区域或地理位置确定相邻关系的做法，更加符合客观实际，能够为物联网监测数据有效性审核及其他数据处理提供更加科学合理的处理依据。

第3章 生态物联网监测数据的异常检测

3.1 生态监测异常数据

监测数据的异常检测作为生态监测数据质量保障的重要环节，对数据挖掘与数据管理有着非常重要的意义。首先根据生态监测数据的特征，针对实际异常情况，对常规易识别的异常情况进行分类描述。

定义 3-1 数据连续 0 值异常（或缺失为空）：数据为空异常（有时为'0'或'NULL'标记），出现形式有单调缺失模式或随机缺失模式。在数据监测中，若发生连续性（continuity）缺失时，考虑到正常模式下也会出现连续为 0 的情况，故设定一个判断连续缺失的时间差阈值，当连续缺失的时间超过此阈值时，判定为缺失异常。

定义 3-2 数据连续不变异常：当采集数据（非空值）连续不变时，与出现的单调空值异常情况相似，设备可能在如实采集数据或遇到异常值产生状况。此时设置连续不变的时间差阈值，当连续不变的时间超过此阈值时，判定为不变异常。

定义 3-3 数据越界异常：某些监测数据参数存在由行业数据采集者根据数据属性制定的常规范围，如时间参数不可能为负值，或空气温度指数不可能超过 100℃等，此时则将明显越界的数据值视为越界异常。

定义 3-4 数据倒挂异常：数据倒挂异常是由数据研究人员根据明显常规的数值大小关系总结出的一种异常。如在大气雾霾检测中[68]，空气中 $PM_{2.5}$ 含量明显都大于 PM_{10} 时为倒挂异常，即空气中直径不大于 $10\,\mu m$ 的颗粒物浓度不会小于直径为 $2.5\,\mu m$ 的颗粒物浓度。这种情况被称为倒挂异常。

通过对历史数据进行分析，总结生态物联网中目前较常出现的异常数据有以下几种。

1）空数据

由于自动监测设备数据未生成、未采集到或监测设备出现故障导致监测数据缺失，后台数据平台未能获取到数据，后台服务器平台中该数据显示为"--"或"null"。

2）倒挂数据

与理论数据比较结果为相反的数据，例如，在同一时间 $PM_{2.5}$ 显示浓度值应低于 PM_{10} 显示浓度值，但由于设备故障、空气湿度较大、人为因素干扰等原因，可能导致 $PM_{2.5}$ 显示浓度值高于 PM_{10} 显示浓度值，从而导致后台服务器数据平台出现颗粒物浓度倒挂异常。

3）超下界数据

自动监测设备最低检出限一般设定为 $0.1\mu g/m^3$（或 mg/m^3），实际工作中由于设备使用时间过长、环境条件不满足运行状况、电压变化等造成设备的自动漂移，其中在零漂发生时，可能产生 0 值或低于 0 值的现象，造成后台服务器数据平台中监测值超设备下界异常。

4）超上界数据

自动监测设备的最大量程在选择设备时通常会考虑当地的环境质量状况，量程太大会造成数据准确度下降。选择的最大量程通常能够包含当地环境空气质量的上限，但在特殊条件下如设备异常、运维不当、环境条件不满足运行状况时如空气站内温度变化等因素，可能造成后台服务器数据平台中监测值超设备上界异常。

5）不变数据

从后台数据看，会出现某个站点某种监测值连续一段时间为一个固定值，而周边监测点同类监测数据存在明显变动，可能的原因有设备异常、传输异常、管理软件异常等因素，会造成后台服务器数据平台中监测值不变异常。

6）离群数据

从后台数据看，会出现某个站点某种监测数据明显高于或低于临近站点或相邻站点同类值。尤其是明显出现"绿洲"现象，可能的原因有设备异常、传输异常、人为干扰等因素，会造成监测数据与相邻站点的离群异常。

7）关联数据

如果通过大数据分析获得两个监测点数据具有逻辑关联性，那些破坏逻辑关联性的数据异常被称为关联数据异常。

8）数据缺失

自动监测设备数据已经生成，但由于采集设备、网络故障或传输设备故障导致监测数据缺失，后台数据平台未能获取到数据，后台服务器数据平台不显示数据，造成数据缺失。

对于异常数据，需要对采集到的数据进行初步判定，对全部异常数据进行标注。定义标注符号见表 3-1。用户根据标注类型即可确定异常数据的类型。

表 3-1　异常数据标识

标识名称	意　义	出现各种标识的原因
BB	数据不变	数据持续不变超过可信时间
HSP	数据超上限	数据大于分析仪器量程最大值，或设定量值
LSP	数据超下限	数据小于分析仪器量程最小值，或设定量值
K	空数据	监测设备未获取数据
D	倒挂数据	监测值出现数据倒挂
PC	数据突变	相邻数据之差超过可信范围
GL	关联数据异常	逻辑关联超过可信范围
QS	数据缺失	该时间段无数据，但可能通过补采获取的数据

3.2　生态物联网异常数据检测

3.2.1　常规异常数据检测

常规异常数据主要形式为连续时间存在数据不变或为空值等状态，该状态属于基于时间序列的异常数据，因此针对此类异常引入时间滑动窗口。

定义 3-5　固定时间滑动窗口（fixed-time sliding window，FTSW）：若一个时间序列 T，其间某一时间段长度固定为 d，那么数据库 $T = \{t_1, t_2, \cdots, t_n\}$ 中某一时间段 T^k 长度为 d 的滑动窗口记为 $T^k = \{t_1^k, t_2^k, \cdots, t_d^k\}$，其中 $k \in m, m = \lceil T/d \rceil$。

基于时间的连续异常检测使用时间序列的滑动窗口，通过控制窗口宽度 d 来指定时间长度发生异常的阈值，以动态滑动的方式对数据库中的采集数据进行检测。

记生态监测数据库数据集 DB，时间 $T = \{t_1, t_2, t_3, \cdots, t_N\}$ 为所有 N 个记录条目的集合，数据库中基于时间索引的记录 $t_i \in T$，窗口内数据 $T^k = \{t_1^k, t_2^k, \cdots, t_d^k\}$。

基于时间序列的不变异常检测算法步骤如下：

（1）初始化监测数据采集的异常数据库 DB′，输入滑动窗口阈值 d，初始窗口内数据记录；

（2）（连续缺失/连续定值）：检测窗口基于时间滑动，检测是否存在连续异常数据，若记录数目达到窗口阈值，则连续记录该异常记录；

（3）拓展窗口至无连续异常发生，记录至缺失数据库初始化新窗口，进入步骤（1），否则进入步骤（4）；

（4）是否检测完毕，若全部检测完，则结束，未检测完重复步骤（2）和步骤（3）。

3.2.2　基于离群点识别的异常数据检测

定义 3-6　离群点异常：数据的离群点异常是根据数据在常规范围内检测出的与众不同的采集数据，是数据异常中较难区分的一种异常。

随着数据挖掘技术的发展，人们在关注数据整体趋势的同时，也开始越来越关注那些明显偏离数据整体趋势的离群数据点。识别离群点能够有效检测出数据集中的异常数据，甚至挖掘出数据集中有意义的潜在信息。

离群点检测的应用场景分为两类，一是直接将检测结果作为关注对象并应用于相应场景；二是在数据预处理环节进行异常值识别并进行数据清洗。

当离群值真实存在时，通过进行相应的离群点分析和异常挖掘，能够直接应用于很多场景。例如通过离群点检测识别违法违约行为，如信用卡欺诈、社保欺诈、电话欺诈、违约用电、偷窃电识别等；通过实时监测手机活跃度或股权市场的可疑交易，从而实现检测手机诈骗行为；在自然生态应用领域中发现生态系统失调、异常自然气候；在公共服务领域及时察觉异常疾病的爆发、公共安全突发事件的发生等。

在数据收集过程中因为采样误差、记录误差、计算错误等人为因素造成异常值发生的情况下，数据质量会受到影响，进而导致模型的拟合精度变差，甚至使模型结果得到一些虚假的信息。因此在进行统计分析和建模时，首先要进行数据清洗，对异常值进行检测，并进行替换或删除等操作，保证得到一个无噪音的数据集。生态物联网数据采集中的离群点，则可能是由于人为篡改造成的不符合大部分数据规律的异常值，形成不可信数据。

1. 多维数据聚类分组

基于聚类进行异常数据检测需要利用数据关联性，根据相关系数将数据进一步划分，将多维数据由底层原始数据类向上级归类，共分为三层。这样处理数据的目的是将高维数据通过相关性划分，然后聚类并挖掘异常。

假设 DB 为事物数据源采集组成的数据库，属性（Attribute）集合 $A = \{a_1, a_2, a_3, \cdots, a_m\}$ 是数据库中 m 个事物属性数据的集合。$T = \{t_1, t_2, t_3, \cdots, t_N\}$ 为所有 N 个记录条目的集合，数据库中基于时间索引的记录 $t_i \in T$，每个 t_i 由 A 中任意个数元素构成，因此可以得到 $t_i \subseteq A$，并可作如下定义：

定义 3-7　多维数据分组 L_k：多维数据相关性划分，任意两列不同属性数据 a_i 与 a_j 的相关系数为 p_{ij}，若设定相关系数阈值即等级划分界限 λ，当所有 A 均满足处于所在属性相关性最大集合中，L_{a_i} 表示分组集合中与 a_i 相关系数满足阈值的集合，所有满足条件 $\max\{(a_i, a_j), p_{ij} \rightarrow L_k\}$（其中 K 个分组的每个 $k \in K$）的集合则为该等级分组 L_k。算法步骤为：

（1）初始化 L，令 $L_1 = \{a_1\}$，第一个默认分组为 L_1；

（2）从 a_2 开始计算，$L_1 \leftarrow \{L_{a_2} \mid L_{a_2} \subseteq (a_2, L_{a_1}) \mid i,j \in m\}, p_{ij} \geq \lambda\}$

（3）$L_{a_2} \leftarrow L_{a_2} \subseteq \{(a_2, L_{a_1})\}, (i,j \in m)$

（4）if($p(a_m) > p(L_{a_{m-1}}) \geq \lambda, k \in K, k++$)

（5）　　　$L_{k-1} \leftarrow L_{a_{k-1}} \cup L_{a_k}$

（6）else

（7）　　　$L_k \leftarrow L_{a_k}$//表示新元素不满足与前一分组内相关性大于阈值时，产生新的分组

（8）$K \leftarrow count(k)$

（9）$L \leftarrow \{L_k \mid k \in K\}$

2. 局部密度计算

局部离群因子（local outlier factor, LOF）算法基于距离计算，通过为数据对象定义局部异常因子，计算每个对象的 LOF 值并进行比较，如此来确定数据的相对异常程度，涉及基于密度计算的第 k 距离、第 k 距离邻域、可达距离、局部可达密度、局部离群因子等概念。

1）第 k 距离

定义点 p 与点 o 的距离为 $d(p,o)$。第 k 距离是指，对于数据集 DB 中任意一点 p，到与点 p 最近的第 k 个点 o 的距离被称为点 p 的第 k 距离，记为 $d_k(p)$，此时 $d_k(p) = d(p,o)$。

p 的第 k 距离即为到距离为第 k 远的点（不含点 p）的距离，如图 3-1 为点 p 的第 5 距离。

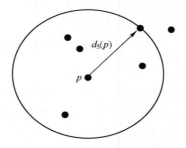

图 3-1　p 的第 k 距离示意图

2）第 k 距离邻域

数据集中任意点 p 的第 k 邻域是指所有距离不大于第 k 距离的点形成的邻

域，记为 $N_k(p)$，在此区域内的点的个数必满足 $|N_k(p)| \geqslant k$。

3）可达距离

假设数据集中任意两点 p 和 q，第 k 可达距离 reach-dist$_k(q,p)$ 是指 p 到 q 的距离至少是 p 的第 k 距离，或为 p 与 q 的真实距离。公式为：

$$\text{reach-dist}_k(q,p) = \max(d_k(p), d(q,p))$$

这意味着，离点 p 最近的 k 个点，p 到它们的可达距离被认为相等，且都等于 $d_k(p)$。如图 3-2 所示，o_1 到 p 的第 5 可达距离为 $d_5(p)$，o_2 到 p 的第 5 可达距离为 $d(p, o_2)$。

$$\text{reach-dist}_k(p, o_1) = d_5(p) \tag{3-1}$$

$$\text{reach-dist}_k(p, o_2) = d(p, o_2) \tag{3-2}$$

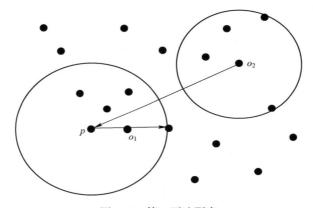

图 3-2　第 k 可达距离

4）局部可达密度

对点 p 的局部密度的度量是根据 p 的邻域内前 k 个相邻点的可达距离平均值的倒数来求得的，记为 lrd$_k(p)$，计算公式如下

$$\text{lrd}_k(p) = 1 \left/ \left(\frac{\sum\limits_{q \in N_K} \text{reach} - \text{dist}_k(p,q)}{|N_k(p)|} \right) \right. \tag{3-3}$$

公式是表示 p 点的邻域点集合 $N_k(p)$ 中的点到点 p 的可达距离，而不是 p 到 $N_k(p)$ 的可达距离。lrd$_k(p)$ 代表的是密度，密度越高，则认为越可能属于某一簇，密度越低，越可能是离群点。如果 p 和周围邻域点是同一簇，那么可达距离越可能为较小的 $d_k(q)$，导致可达距离之和较小，密度值较高；如果 p 和周围邻居点较远，那么可达距离可能都会取较大值 $d(p,q)$，导致密度较小，越可能是离群点。

5）局部离群因子

局部离群因子是某一点 p 的邻域点的局部可达密度与 p 的局部可达密度之比

的平均数，以此来表征数据点的离群程度。公式表示为：

$$\mathrm{LOF}_k(p) = \frac{\sum_{q \in N_k(p)} \frac{\mathrm{lrd}_k(q)}{\mathrm{lrd}_k(p)}}{|N_k(p)|} = \frac{\sum_{q \in N_k(p)} \mathrm{lrd}_k(q)}{|N_k(p)|} / \mathrm{lrd}_k(p) \qquad (3\text{-}4)$$

其中，$N_k(p)$ 是点 p 的第 k 邻域，$\mathrm{lrd}_k(p)$ 是点 p 的局部可达密度。

LOF 即这个密度比值越接近 1，表明目标点与邻域点的密度相近，且可能属于同一簇中的点。若比值 LOF 远远小于 1，那表明 P 的密度比邻域密度高很多，p 的密度比较密集；同理，若局部离群因子值远大于 1，表明该点密度很低。这种密度差异较大的数据为异常点。

LOF 算法思路就是通过距离计算密度，而计算密度是根据第 k 邻域的定义而来，因此是"局部"数据的离群因子。

由于 LOF 算法是基于空间距离的计算，针对不同数据集要根据数据的特征特点选取不同的适用距离公式。基于距离的异常点检测主要是计算一定距离内有没有符合数量阈值的点，因此并不依赖数据的分布模型。

3. 基于多维聚类与局部密度量化的离群异常检测机制

基于局部异常因子的异常数据检测算法，对局部数据检测效果较好，且精度也高，但是仍存在两个方面的不足：一方面是当数据量较大时，尤其是生态监测数据的维数和记录条目会随着监测设备类型和数量的不断增加而同步增多，导致数据量快速增长。此时应用 LOF 算法时遍历全部数据并计算每条记录数据的局部密度会占用大量的运行时间和存储空间，而在生态监测设备正常运行的情况下，数据库中的异常数据点基本不会超过 1/3，所以如果能够过滤掉正常数据之后，再对余下的部分疑似异常数据进行异常识别会有更高的效率；另一方面由于参数的不同设置会对 LOF 算法精度产生较大影响，而参数的合理设置也存在较大的困难。为此，考虑进行基于多维聚类和局部离群因子相结合的离群点识别，针对上述两个方面进行优化。所提出的基于多维聚类的离群点识别算法的主要思路如下：

（1）利用多维数据进行相关性分类，选择出相关的聚类属性；

（2）对数据采用 k-means 算法进行聚类，利用数据距离范式公式标出数据相对距离，初选疑似异常数据及将非离群数据进行剪枝；

（3）聚类出的异常标记数据用 LOF 算法对聚类异常数据进行检测。

数据分组将对每条记录下的不同属性分别进行离群异常计算。将离群指标系数记为 OC（outlier coefficient）。

定义 3-8　当数据分为 K 个组时，每个分组使用当前组内数据计算出的最终离群值 LOF 即为该组的离群计算值，$OC_{L_k}(t_i) = \mathrm{LOF}(t_i)$，若无异常则 OC 值为 1。一条记录的总离群指标系数计算公式为

$$\mathrm{OC}(t_i) = \sum_{k=1}^{K} (\mathrm{OC}_{L_k}(t_i) - 1) \quad (t_i \in T) \tag{3-5}$$

由于监测数据往往不能保证其各个属性指标两两之间有必然联系，而且根据前述多维聚类数据分组的研究发现，直接对全局数据计算距离或通过密度挖掘异常数据并无实际意义且较难解释，所以，需要将监测数据进一步细分，利用数据之间的关系来挖掘评估是否存在离群异常。具体的算法流程如图 3-3 所示。

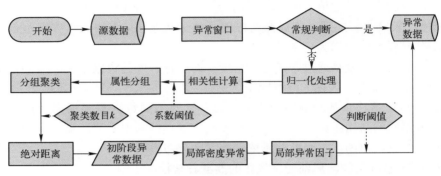

图 3-3　基于多维聚类的离群点识别算法流程图

3.3　生态监测缺失数据填补

3.3.1　基于关联规则的缺失数据填补

使用统计学方法进行缺失数据填补的时间效率较高，但准确率相对数据挖掘方法要低。考虑将统计方法中的相关性（correlation）计算与 Apriori 算法相结合，针对离散型缺失数据进行填补。在关联规则挖掘方法 Apriori 上改进支持度来挖掘频繁项集，并采用余弦相似性度量选择填补规则，弥补了对数据库的缺失数据采用元组相似度填补数据的时间效率相对较低的不足。

假设 DB 为生态监测数据源采集得到的数据库，属性集合 $A = \{a_1, a_2, a_3, \cdots, a_m\}$ 是数据库中 m 个事务属性数据的集合。$T = \{t_1, t_2, t_3, \cdots, t_N\}$ 为所有 N 个记录条目的集合，数据库中基于时间索引的记录 $t_i \in T$，每个 t_i 由 A 中任意个数元素构成，因此可以得到 $t_i \subseteq A$，并可作如下定义。

定义 3-9　频繁项集：若 A 的任何单个子集 I 称为项，k 个属性组成的集合称为 k-项集，满足支持度阈值的项集称为频繁 k-项集。

定义 3-10　记录包含项：在数据库 DB 中，含有项集 I 所有记录的集合，记为 $\rho(I)$，公式表示为：

$$\rho(I) = \{t_i \mid I \subseteq t_i, t_i \subseteq T. \; T \in \mathrm{DB}\} \tag{3-6}$$

同理，将数据库 DB 中，部分含有缺失项（missing item，MI）的记录的集合记为 $\mathrm{MI}(I)$，则：

$$\mathrm{MI}(I) = \{t_i \mid \exists \, a_i \subseteq t_i, t_i \subseteq T. \; T \in \mathrm{DB}\} \tag{3-7}$$

为了解决在数据缺失挖掘规则的过程中缺失项带来的挖掘误差，在数据量足够大的情况下可利用已有的完整数据进行频繁项挖掘。因此，对于含有缺失项的数据支持度，将传统的事务出现数目与总事务数目的比值改进为与有效事务数目的比值。

定义 3-11　对某一项集 I，基于缺失值的支持度记为：

$$\sigma(I) = \frac{\mid \rho(I) \mid}{\mid \mathrm{DB} \mid - \mid \mathrm{MI}(I) \mid} \tag{3-8}$$

其中，$\mid \cdot \mid$ 表示集合中所含事务数目。

定义 3-12　若对于某两个数目分别为 p 和 q 的项集赋值 $X = \{a_1:x_1, a_2:x_2, a_3:x_3, \cdots, a_p:x_p\}$，$Y = \{b_1:x_1, b_2:x_2, b_3:x_3, \cdots, b_q:x_q\}$，则挖掘关联规则的置信度记为：

$$\theta(X \rightarrow Y) = \frac{\rho(X \cap Y)}{\rho(X)} = \frac{\sigma(X \cap Y)}{\sigma(X)} \tag{3-9}$$

X 表示规则的前项，Y 表示后项，关联规则的置信度是数据库中 X 与 Y 交集出现的次数与 X 项目出现的比值，也可以是支持度 σ 的比值。

频繁项通常必须满足给定最小支持度即支持度阈值，标记为 $\sigma-\mathrm{min}$，同时最小置信度为 $\theta-\mathrm{min}$。

频繁项集挖掘算法 Apriori 根据项集的先验知识，采用迭代的方法逐层来挖掘出满足条件的频繁项集，再根据最小置信度与支持度的条件来产生关联规则。

使用 Apriori 算法挖掘频繁项集对系统的要求较高，算法耗费资源较多。因此利用挖掘出的规则来计算缺失数据等应用的效率就会降低。另外，挖掘出的规则并没有考虑到各个属性元素的相对重要性，导致挖掘出的规则利用价值不高。为了提高挖掘出的规则的可利用价值和数量，采用基于属性间相关性的加权规则挖掘算法，用皮尔逊相关系数计算属性相关性，为规则支持度加权，从而提高规则质量。

定义 3-13　设 T 是所有事务的集合，即 $T = \{t_1, t_2, t_3, \cdots, t_N\}$ 为记录 N 个所有事务的集合，数据库 DB 属性相关系数矩阵见表 3-2。其中，当 $i \neq j$ 时，p_{ij} 表示的是标记的当前记录 t 的值域中，归属 a 的第 i 个属性与第 j 个属性的相关性度量值。

表 3-2　相关系数矩阵表

对　象	a_1	a_2	$\cdots$	a_n
a_1	1	p_{12}	$\cdots$	p_{1n}
a_2	p_{21}	1	$\cdots$	p_{2n}
$\vdots$	$\vdots$	$\vdots$	$\ddots$	$\vdots$
a_n	p_{n1}	p_{n2}	$\cdots$	1

定义 3-14　设数据库中某条记录 $t_i = \{i_p, i_q, \cdots, i_x, \cdots, i_r\}$，$t_i$ 中值 i_x 的属性为 a_x，那么定义该记录的支持提升度记为：

$$p(t_i) = \frac{\sum_{i=1}^{c_{|t_i|}^2} \sum_{j=1}^{c_{|t_i|}^2} p_{ij}}{C_{|t_i|}^2} = \frac{\sum_{i=1}^{c_{|t_i|}^2} \sum_{j=1}^{c_{|t_i|}^2} p(a_i, a_j)}{C_{|t_i|}^2} (i < j, i_x \in a_x) \quad (3-10)$$

计算上界为组成二元相关总个数，其中 p_{ij} 与 $p(a_i, a_j)$ 表示两两相关性。

定义 3-15　项集的加权支持度 $p\text{-}\sigma(t_i) = p(t_i) * \sigma(t_i)$，其中，$\sigma(I)$ 为定义 (3-8) 的支持度。任意的 X 与 Y 集合，项集的加权支持度可记为 $p\text{-}\sigma(X \to Y) = p(X \cap Y) * \sigma(X \cap Y)$。

定义 3-16　加权关联规则的置信度根据定义 (3-9) 可得：

$$p\text{-}\theta(X \to Y) = \frac{p\text{-}\sigma(X \to Y)}{p\text{-}\sigma(X)} \quad (3-11)$$

那么假设 I_c 是在完整数据库挖掘出的关联规则，$I_m(I_m \subseteq I_c)$ 表示包含缺失属性值的规则，且所含缺失项包含在 定义 3-9 中 Y 所在规则的后项事务中，设含有缺失数据的记录 t_m，完整数据规则与缺失记录的项集中不包含缺失项的部分分别用 $I_c(\overline{A_i})$ 与 $I_m(\overline{A_j})$ 表示，则余弦相似度（cosine similarity, CS）可表示为

$$CS(I_c(\overline{A_i}), I_m(\overline{A_j})) = \frac{|I_c(\overline{A_i}) \cap I_m(\overline{A_j})|}{\sqrt{|I_c(A_i)| \times |I_m(A_j)|}} \quad (3-12)$$

$|\cdot|$ 与定义 3-11 同样作为公式中项的数目计算。利用相似度公式的计算，相似度区间为 (0,1)，若不存在缺失值为 1。由于会出现相似度相同，根据定义 3-12 基于缺失数据相关性优化的加权置信度计算，按置信度的降序排列选择置信度最高的规则填补。

根据上文定义的加权规则，采用以下步骤进行缺失数据填补。

（1）将源数据 DB 分为非缺失数据部分与缺失数据部分，计算皮尔逊相关系数，得到系数相关表 P；

（2）结合 Apriori 挖掘算法，采用相对提升支持度的加权支持度计算方法，挖掘频繁项集；

　　（3）利用缺失数据项的非缺失部分，与完整数据集挖掘的规则计算余弦相似度 CS，取相似度高者来填补数据，当相似度相同时进一步利用加权置信度选择填补规则。

　　（4）得到填补后的数据集 DB′。

　　C-Apriori 算法伪代码如下：

Input：源数据库 DB，支持度阈值 σ_{min}

Output：填充后数据集 DB′

（1）Select non-missing and missing data to DB_{non} and DB_{miss}；//扫描源数据库 DB，组成非缺失数据库 DB_{non} 与缺失数据库 DB_{miss}

（2）for(i=1；$a_i \in A$ && $a_i \neq$ Null；i++)

（3）　　　for(j=1；$a_j \in A$ && $a_j \neq$ Null；j++)

（4）　　　　　f_z = sum($a_i * a_j$) − (sum(a_i) * sum(a_j)) / length(a_i)；

（5）　　　　　f_m = sqrt((sum(a_i^2)−(sum(a_i))^2/length(a_i)) * (sum(a_j^2)−(sum(a_j))^2/ length(ai)))；

（6）　　　　　cor = f_z/ f_m；

（7）return　two-dimensional matrix array P from　DB_{non}；//得到 DB_{non} 的相关系数矩阵 P

（8）$L_1 \leftarrow \{1 \mid l \in C_1, \sigma(1) \geqslant \sigma_{min}\}$ //1-项集不进行属性间相关性计算

（9）for(k=2；$L_{k-1} \neq$ Null；k++)

（10）　　　for each $t_i \in T$ && $\forall$ item $\neq$ Null//定义对每条不为空记录的相关属性计算

（11）　　　　　$\sigma(L_k) \leftarrow p(t_i) * \sigma(t_i)$；//由矩阵 P 得到的相关系数计算加权支持度

（12）　　　$C_{k-1} \leftarrow L_k$；

（13）return $L_k \leftarrow \{1 \mid l \in I_1, \sigma(1) \geqslant \sigma_{min}\}$ //算法得到所有完整数据集挖掘出的频繁项集 L_k

（14）for each $t_i \subseteq DB_{miss}$；//缺失数据的规则选择填补

（15）　　　　　$I_{a_i} = MI(t_i)$，$I \overline{a_i}$；//I_{a_i} 表示 t_i 的缺失项作为规则的后项，$I \overline{a_i}$ 表示非缺失项

（16）　　　　　$I_{a_i}(t_i)^k \leftarrow \max\{CS_m(I_{a_i}(\overline{A}_i), I\,\overline{a}_i(\overline{A}_j))\}$；//计算相同后项的
前项相似度

（17）　　　　　if $CS^k(t_i) = CS^{k'}(t_i)$

（18）　　　　　$t_i' \leftarrow \max\{p-\theta(I_{a_i})\}$；//相关性相同采用置信度高的填补

（19）return DB'　//得到完整数据库 DB'

下面利用 UCI 数据集 Vowel 的 871 条包含 6 个属性的源数据对算法的准确性与时效性进行验证。实验环境是 Intel 酷睿 3 代 2.5 GHz 双核 CPU，8 GB 运行内存，操作系统 Windows 7 64 位。从数据的填补准确率以及处理数据的时效性与传统 Apriori 算法以及长度优先 L-Apriori 算法填补数据结果进行分析。

1）准确率分析

数据准确率记为 A（Accuracy），是用户衡量填补数据质量的重要参数，在算法中，带有缺失数据的数据库 DB 中缺失数据个数记为 DBM（DB-miss），填补后正确的数据个数记为 DBR（DB-right）。用二者的比值作为填补的准确率计算公式如下

$$A = \frac{DBM}{DBR} \times 100\% \qquad\qquad (3-13)$$

由式（3-13）可知，准确率在 0~100% 之间，越高表示填补准确度越高。

在频繁模式挖掘的方法中，支持度阈值作为唯一的必调参数，该参数的设置会影响频繁项数量的挖掘，参数过大会导致挖掘数目较少，参数过小又会导致频繁项数目增加并且降低时间效率。在改变最小支持度的过程中，其填补准确率结果如图 3-4 所示。由于数据填补是依据完整数据挖掘的规律来挖掘填补值，因此数据的缺失对数据准确率造成的影响如图 3-5 所示。

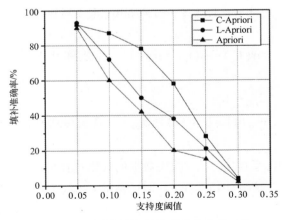

图 3-4　不同支持度阈值下的准确率对比

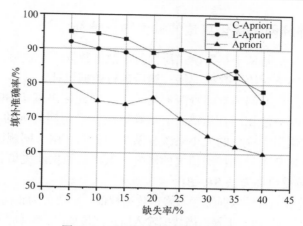

图 3-5　不同缺失率下准确率对比

一般随着支持度阈值的增加，数据填补准确率总体会呈现出急速下降趋势，但采用基于相关性的方法准确率相对较高且下降趋势较缓慢。同时，图 3-5 中随着数据缺失率的增加，C-Apriori 算法填补准确率与稳定程度均高于其他两种算法，其中基于传统 Apriori 填补方法整体填补准确率大大低于另外两种。

2）填补时效性

在图 3-6 中，缺失数据量的增多会导致在挖掘过程中提供学习的数据量减少，而且需填补数据比重增大，因此图中所比较的三种方法填补平均时间都呈上升趋势。但 C-Apriori 算法在时间占用上稍优于对比方法，且较为稳定。

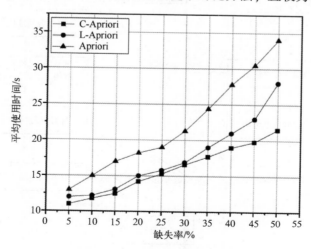

图 3-6　数据缺失率与运行时间

3.3.2　基于神经网络优化算法的缺失数据填补

上节的填补算法是基于频繁模式挖掘的离散型数据，对数值型数据存在模糊性。而采用神经网络对历史数据训练，然后进行数据填补，虽然一定程度上提高数据的填补精度，但时间与空间资源消耗较大。因此提出基于 BP 神经网络与改进的关联规则填补方法相结合的缺失值填补算法，采用同规则的 BP 神经网络填补方法，通过控制滑动窗口的大小来减少系统的资源占用，同规则窗口不限于就近的时间序列，避免了局部特殊情况的影响，保持了数据缺失填补的稳定性。

1. 同规则数据填补方法 SR-BP

首先，BP 算法通过数据训练学习修正数据权值，主要分为正向传播数据信号和反向传播数据误差信号两个步骤。当数据输入后正向传播时，源数据经过预处理进入输入层，经过设定隐藏层处理后在输出层输出，经条件判定是否符合要求，若不符合则进行误差的反向传播。反向传播是将输出层数据误差通过某种方式向输入层传播，此时将信号继续告知各层数据单元，获取误差信号来修正单元计算依据。通过多次这种数据信号正向传播与数据误差信号的反向传播过程，完成 BP 神经网络的训练过程，直至满足输出误差要求或达到预先设定的训练次数，如图 3-7 所示。

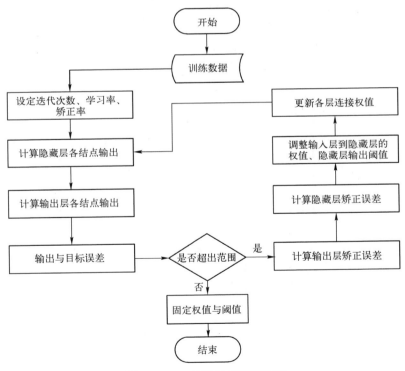

图 3-7　BP 神经网络训练流程

在神经元模型中，若输入层各个单元参数用 x_i 表示、输出层单元用 y_i 表示、某一个隐藏层 j 的神经元输出，则可以用如下公式表示：

$$y_i = f\left(\sum_{i=1}^{n} \omega_{ij}x_i - \theta_j\right) \tag{3-14}$$

式（3-14）中 θ 表示函数中需满足的神经元 j 的阈值，ω_{ij} 表示的是在输入层到隐藏层的过程中传入的权值，f 表示神经网络的激励函数。

隐藏层的结点数目会对神经网络结构得到的数据精度与时间复杂度有影响，结点数目较多时，训练时间长且易出现拟合的情况；若结点数目太少则会导致学习效果不明显，进而需要增加训练次数，但精度依然会受到影响。虽然没有专门的方法确认结点数目，但可以参考或遵循如下公式的要求

$$l < n-1 \tag{3-15}$$

$$l < \sqrt{m+n} + a \tag{3-16}$$

$$l = \log_2 n \tag{3-17}$$

式（3-15）~式（3-17）中，n 表示输入层结点的个数，l 表示的是在隐藏层的结点个数，m 表示输出层结点的个数，a 表示 0~10 之间的某个常数。

根据 BP 神经网络的训练基础，结合关联规则挖掘的离散型数据填补算法，提出同规则的 BP 神经网络（same rule BP，SR-BP）填补算法。

算法流程图如图 3-8 所示。

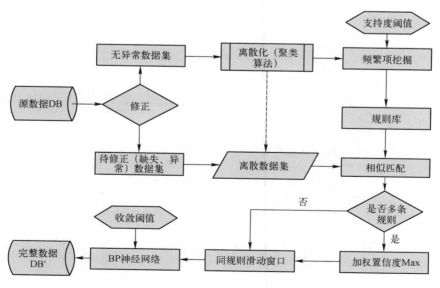

图 3-8　SR_BP 算法流程图

填补及修正数据步骤如下：

第一步：将源数据分为待填补数据集与完整数据集；

第二步：数据离散化计算；

第三步：关联规则挖掘，基于前述 C-Arpiori 算法将缺失数据与规则库数据做相似匹配；

第四步：得到匹配规则，获取此规则历史数据，并纳入滑动窗口；

第五步：将历史规则数据进行特征训练，预测出待填补的缺失值。

2. 生态监测数据填补方法应用实例

本章算法依据数据相关性基础进行缺失数据填补，因此取生态监测数据温度 L1 分组数据作为实验数据。其中共包含六个属性值数据，分别是空气温度（kqwd）、最低气温（zdqw）、最高气温（zgqw）、地表温度（dbwd）、地下 5 cm（dw5）以及地下 15 cm（dw15）温度作为挖掘与测试数据，在完整数据集中随机产生缺失数据，以与原数据实际结果进行比较分析。

1）数据采集

L1 分组数据见表 3-3（数据单位为 0.1 摄氏度）。

表 3-3　L1 分组数据

kqwd	zdqw	zgqw	dbwd	dw5	dw15
−114	−118	−103	0	−33	−41
−94	−114	−94	2	−23	−39
−120	−121	−59	−6	−26	−38
−122	−122	−111	−49	−39	−36
⋮	⋮	⋮	⋮	⋮	⋮
−63	−77	−62	−52	−50	−33
−44	−67	−40	−43	−46	−33

2）数据离散化

本章聚类算法将数据离散化结果的数据格式见表 3-4 和表 3-5。

表 3-4　L1 分组数据离散表 1

标识	空气温度范围	标识	最低气温范围	标识	最高气温范围
A1	$(-\infty, -109.672]$	B1	$(-\infty, -123.79]$	C1	$(-\infty, -98.7]$
A2	$(-109.6, -33.8]$	B2	$(-123.7, -47.3]$	C2	$(-98.7, -24.4]$
A3	$(-33.8404, 0]$	B3	$(-47.37, 0]$	C3	$(-24.42, 0]$
A4	$(-36.277, 0]$	B4	$(0, 23.36]$	C4	$(0, 46.59]$
A5	$(36.277, +\infty]$	B5	$(23.36, +\infty]$	C5	$(46.59, +\infty]$

表 3-5　L1 分组数据离散表 2

标识	地表温度范围	标识	地温 5 cm 范围	标识	地温 15 cm 范围
D1	$(-\infty, -99.557]$	E1	$(-\infty, -74.456]$	F1	$(-\infty, -19.414]$
D2	$(-99.557, 0]$	E2	$(-74.456, 0]$	F2	$(-19.414, 0]$
D3	$(0, 26.806]$	E3	$(0, 25.383]$	F3	$(0, 24.379]$
D4	$(26.806, 142.625]$	E4	$(25.383, 120.79]$	F4	$(24.379, 67.067]$
D5	$(142.625, +\infty)$	E5	$(120.79, +\infty)$	F5	$(67.067, +\infty)$

根据表 3-4 和表 3-5 中对六个分类数据的离散化预处理后，形成建模数据集，见表 3-6。

表 3-6　建模数据

kqwd	zdqw	zgqw	dbwd	dw5	dw15
A1	B2	C1	D3	E2	F1
A2	B2	C2	D3	E2	F1
A1	B2	C2	D2	E2	F1
A1	B2	C1	D2	E2	F1
⋮	⋮	⋮	⋮	⋮	⋮
A2	B2	C2	D2	E2	F1
A2	B2	C2	D2	E2	F1

3）规则挖掘

利用上述规则挖掘方法，设定规则阈值支持度为 0.01、置信度为 0.75 对完整数据集进行规则挖掘，最终挖掘结果详见表 3-7。

表 3-7　规则挖掘表

Association rules	support	confidence
A5—C5—E4—B5	0.091886608	0.992084433
D—E—F1	0.144916911	0.991638796
B1—C1—E1—A1	0.11485826	0.991561181
B1—C1—E1—F1—A1	0.11485826	0.991561181
B5—E5—A5	0.085532747	0.991501416
B5—E5—C5	0.085532747	0.991501416
⋮	⋮	⋮
B1—E1	0.122434018	0.757942511
B5—E4—C5	0.097507331	0.75711575

续表

Association rules	support	confidence
E2—F3—D2	0. 097262952	0. 750943396
A1—E1	0. 127077224	0. 75036075
B1—E1	0. 122434018	0. 757942511

由于需填补数据较多，现以随机抽取的一条数据进行实验验证，并将其真实值 C2=-90 作为空值进行预测，见表3-8。

表 3-8　缺失数据详细信息

id	kqwd	zgqw	zdqw	dbwd	dw5	dw15
1128	A2	B2	null	D2	E2	F1

经检索后，支持 id 号为 1128 记录中满足条件的规则有 5 条，见表3-9。

表 3-9　缺失匹配规则表

RID	Association rules	support	confidence
1	A2—B2—D2—E2—C2	0. 131231672	0. 962365
2	A2—B2—D2—F1—C2	0. 065004888	0. 95
3	A2—B2—E2—F1—C2	0. 066959922	0. 958019
4	A2—D2—E2—F1—C2	0. 062072336	0. 907142
5	B2—D2—E2—F1—C2	0. 060606061	0. 888888

经过相似匹配筛选，C2 可以作为离散数据的填充值。其填充效果可以把范围锁定在一个相对较小的区间内，但并不能满足生态监测数据的数值型数据填充需要。

因此，利用加权置信计算首先选择最佳规则，然后再进行填充：

$$p(t_{1128}, \text{RID}=1) = [p(A,B)+p(A,D)+p(A,E)+p(B,D)+p(B,E)+p(D,E)]/6$$
$$= (0.99+0.86+0.9+0.83+0.89+0.95)/6 = 0.903$$

同理可得余下规则加权系数：

$$p(t_{1128}, \text{RID}=2) = [p(A,B)+p(A,D)+p(A,F)+p(B,D)+p(B,F)+p(D,F)]/6$$
$$= (0.99+0.86+0.8+0.83+0.82+0.62)/6 = 0.82$$

$$p(t_{1128}, \text{RID}=3) = [p(A,B)+p(A,E)+p(A,F)+p(B,E)+p(B,F)+p(E,F)]/6$$
$$= (0.99+0.9+0.8+0.89+0.82+0.74)/6 = 0.857$$

$$p(t_{1128}, \text{RID}=4) = [p(A,D)+p(A,E)+p(A,F)+p(D,E)+p(D,F)+p(E,F)]/6$$
$$= (0.86+0.9+0.8+0.95+0.62+0.74)/6 = 0.812$$

$$p(t_{1128}, \text{RID}=5) = [p(B,D)+p(B,E)+p(B,F)+p(D,E)+p(D,F)+p(E,F)]/6$$
$$= (0.83+0.89+0.82+0.95+0.62+0.74)/6 = 0.808$$

加权置信度计算并排序：观察数据可知，恰好此时第一条筛选规则 A/B/D/E 平均相关系数最高，且置信度最高，其加权结果具体计算为：

$$p-\theta_{max}=p-\theta(t_{1128},RID=1)=p(t_{1128},RID=1)\times\theta(RID=1)=0.903\times0.962=0.869$$

下面利用训练数据集中的数据与通过优化的神经网络算法预测缺失值，并与采用均值填充的结果进行比较，验证本算法的准确性。

根据匹配出的规则 A2—B2—D2—E2—C2，滑动窗口取临近 10 条历史数据（见表 3-10）。

表 3-10　滑动窗口临近 10 条数据

A	B	C	D	E
-44	-52	-72	-47	-31
-46	-52	-78	-58	-30
-67	-70	-82	-65	-45
-71	-77	-87	-72	-63
-48	-48	-90	-22	-34
-66	-68	-90	-49	-48
-69	-69	-91	-37	-46
-75	-75	-92	-7	-52
-71	-81	-81	-30	-71
-59	-70	-37	-32	-58

同规则取临近 10 条数据（见表 3-11）。

表 3-11　同规则临近 10 条数据

A	B	C	D	E
-77	-92	-76	-56	-50
-63	-77	-62	-52	-50
-44	-67	-40	-43	-46
-40	-51	-25	-33	-40
-31	-40	-24	-20	-33
-36	-36	-23	-13	-25
-40	-41	-28	-9	-20
-54	-59	-38	-13	-19
-70	-70	-53	-18	-20
-77	-70	-71	-26	-24

将同规则临近数据进行归一化并代入神经预测模型。数据采用最小最大归一化方法，归一化公式：

$$x' = \frac{x - x_{\min}}{x_{\max} - x_{\min}} \tag{3-18}$$

归一化后的数据 x'，是数据序列中该值与最小值的差比上该序列最大值与最小值得到的差值。同规则临近数据的归一化结果见表 3-12。

表 3-12　同规则临近数据归一化结果

序　号	0	1	2	3	4
0	0	0	0	0	0
1	0.30434783	0.26785714	0.26415094	0.08510638	0
2	0.7173913	0.44642857	0.67924528	0.27659574	0.12903226
3	0.80434783	0.73214286	0.96226415	0.4893617	0.32258065
4	1	0.92857143	0.98113208	0.76595745	0.5483871
5	0.89130435	1	1	0.91489362	0.80645161
6	0.80434783	0.91071429	0.90566038	1	0.96774194
7	0.5	0.58928571	0.71698113	0.91489362	1
8	0.15217391	0.39285714	0.43396226	0.80851064	0.96774194
9	0	0.39285714	0.09433962	0.63829787	0.83870968

计算出填补结果之后再进行反归一化计算，并与全局均值（all data mean，ADM）、临近均值（near mean，NM）、同规则均值（Same Rule Mean，SRM）、灰色算法（gray algorithms，GA）填充、临近 BP（Near BP，N_BP）填充、同规则BP（Same Rule BP，SR-BP）填充等方法进行比较，最终结果如表 3-13 所示。

表 3-13　缺失填补对比

算　　法	ADM	NM	SRM	GA	N_BP	SR-BP
填充值	−26.06	−80.0	−64.5	−68.2	−79.64	−87.28
准确率均值	29.0%	88.9%	71.7%	75.8	88.5%	97.0%

结果表明，本算法第一步在规则挖掘与匹配过程中，通过与均值结合得到的结果比全局均值准确度高约 50%，主要原因是全局均值不具有局部性，即临近均值的准确率远高于全局均值。

同规则均值与灰色算法结果基本一致，相差不超过 5%。

临近均值的结果与比同规则的结果更接近实际值，但是采用适合短序列的灰色算法进行填补时不能保证稳定性，主要原因是不能参考其相邻属性，受就近单列数据的影响较大。

基于神经网络的临近 BP 算法具有较高的准确率，并在结合同规则实现缺失值填补时，又将准确率提高了约 10%。

第 4 章　基于生态监测数据的预测和预警

4.1　贝叶斯网络

1. 贝叶斯网络的定义

贝叶斯网络是一种基于网络结构的有向图解描述，是人工智能、概率理论、图论、决策理论相结合的产物。它提供了一种方便的结构来表示因果关系，使不确定性推理变得在逻辑上更为清晰和易于理解，是目前不确定知识表达和推理领域最有效的理论模型之一。

贝叶斯网络又称信度网络，是 Bayes 方法的扩展。一个贝叶斯网络是一个有向无环图（directed acyclic graph，DAG），由代表变量的结点及连接这些结点的有向边构成。结点代表随机变量，结点间的有向边代表了结点间的互相关系（由父结点指向其子结点），用条件概率表达关系强度，没有父结点的用先验概率进行信息表达。结点变量可以是任何问题的抽象，如：测试值、观测现象、意见征询等。贝叶斯网络适用于表达和分析不确定性和概率性的事件，应用于有条件地依赖多种控制因素的决策，可以从不完全、不精确或不确定的知识或信息中做出推理。

2. 贝叶斯网络的特性

贝叶斯网络具有以下特性。

（1）贝叶斯网络是一种不定性因果关联模型。贝叶斯网络与其他决策模型不同，它是将多元知识图解可视化的一种概率知识表达与推理模型，更为贴切地蕴含了网络结点变量之间的因果关系及条件相关关系。

（2）贝叶斯网络具有强大的不确定性问题处理能力。贝叶斯网络用条件概率表达各个信息要素之间的相关关系，能在有限的、不完整的、不确定的信息条件下进行学习和推理。

（3）贝叶斯网络能够有效地进行多源信息表达与融合。贝叶斯网络可以将故障诊断与维修决策相关的各种信息纳入网络结构中，按结点的方式统一进行处理，能有效地按信息的相关关系进行融合。

目前贝叶斯网络已经成为人工智能、模式识别、机器学习和数据挖掘等领域处理不确定性问题的重要方法之一。

3. 贝叶斯网络的构建

贝叶斯网络的构建分为以下 4 个阶段。

（1）定义域变量。在一个特定的领域，确定使用哪些变量来描述该领域的各个部分，并明确各变量的确切含义。

（2）确定网络结构。确定各变量之间的依赖关系，得到该领域内的网络结构。

（3）确定条件概率分布。通过网络结构来量化变量之间的依赖关系。

（4）推理应用。在实际系统中应用所构建的贝叶斯网络，并根据产生的数据进行优化。

4. 贝叶斯网络的优势

贝叶斯网络在实际应用中具有以下优势。

① 具有较强的表达能力，能够提供关于属性和类别标签的预测结果。当给定属性和类别之间的概率关系时，贝叶斯网络通过图模型能够发现复杂的变量依赖关系，并在图中建模隐藏变量的存在。

② 对数据及无关属性有较好的抗干扰能力。对于包含缺失值的测试数据，贝叶斯网络可以将该缺失值作为未知结点和边缘化的目标类进行推断，所以适合处理数据中的不完整性；无关属性则由于不影响目标类的条件概率可以直接被忽略。

③ 参数学习相对简单。构建贝叶斯网络时，学习它的结构是比较困难的问题，通常需要领域知识的帮助。但是一旦确定结构之后，特别是在观察到所有变量的情况下，学习网络的参数非常简单。

4.2 生态监测数据质量预测

针对生态物联网监测数据的可靠性和可信性需求，运用系统化思想，采用短期与长期相结合、静态与动态相结合、历史与未来相结合的监测策略，使用贝叶斯方法，进行多条件下生态物联网监测数据有效性的预测推理，实现异常情况下生态监测数据质量的预测。

利用贝叶斯网络构建生态物联网监测数据的基本模型。为了保证预测精度，提高结点生态监测数据质量预测分析的可靠性，将综合、笼统的结点属性细化为可用传感器测量的预测指标，并进行规范化处理，转化为标准证据值；同时为了保证客观、合理地给出数据指标的重要程度，构建了基于主客观赋权方法、权重相对熵最小值的优化模型，以获得理想的组合权重，通过与标准证据值的计算得到生态监测数据质量的量化值。通过对量化后阈值的动态配置获得各生态监测数据质量的等级实现多条件下监测数据质量的预测。

4.2.1　多条件下监测数据质量的贝叶斯网络模型

定义 4-1（贝叶斯公式）　贝叶斯公式建立了条件概率和它的逆的联系[13]，对于事件 A 和 B，已知 $P(B) \neq 0$，贝叶斯公式表述为

$$P(A \mid B) = \frac{P(B \mid A)P(A)}{P(B)} \tag{4-1}$$

其中：$P(A)$ 表示假设 A 的先验概率，$P(B)$ 表示证据 B 的先验概率，$P(A \mid B)$ 表示假设 A 在证据 B 已经发生条件下的条件概率，$P(B \mid A)$ 表示证据 B 在假设 A 已经发生条件下的条件概率。

1. 基于贝叶斯网络的数据质量预测模型

一个贝叶斯网络由网络结构表示其定性部分，由条件概率分布表示其定量部分。基于贝叶斯网络构造生态物联网数据质量预测模型的具体步骤如下。

① 研究贝叶斯网络，由结点网络结构图生成相关贝叶斯网络结构。

② 根据物联网拓扑结构和可信数据，建立相关拓扑矩阵，并将网络结构可视化。

③ 进行贝叶斯网络学习，实现海量历史数据的处理和转化，通过学习后的贝叶斯网络转变为一个完整的贝叶斯网络。

④ 用生态监测数据质量的总先验概率、各个分属性先验概率、联合概率分布及其条件概率进行网络推理，用贝叶斯概率表示生态监测数据质量，实现多级预测。

基于贝叶斯网络的生态物联网监测数据质量预测的基本模型为离散变量结点集合 $V = \{T, S, P, K, M\}$，结点间的有向边代表结点间的相互连接关系。

2. 基于贝叶斯网络的监测数据质量预测

在利用贝叶斯网络对生态物联网监测数据质量进行预测之前，需要先计算出数据质量的总先验概率、各具体分属性的先验概率及其条件概率，然后利用贝叶斯公式进行数据质量的预测分析。

1）生态物联网监测数据质量的总先验概率

其计算公式为

$$P(T_i) = \frac{|T_i|}{n} (1 \leqslant i \leqslant L)，并且 \sum_{i=1}^{L} P(T_i) = 1 \tag{4-2}$$

其中 n 表示对生态物联网监测数据质量情况进行监测的总次数，$|T_i|$ 表示生态监测数据质量情况评估值落在 T_i 范围内的次数。其余各个具体分属性的先验概率的计算与此类似，不再赘述。

2）叶结点的条件概率

除了计算先验概率外，还必须计算各个具体分属性叶结点的条件概率，其计

算公式如下

$$P(B \mid A) = \frac{P(B,A)}{P(A)} \tag{4-3}$$

在此以计算 $P(S_i \mid T_j)$ 条件概率为例，它表示生态物联网监测数据质量在 T_j 这个范围，气体生态监测数据质量在 S_i 范围内的概率

$$P(S_i \mid T_j) = \frac{P(S_i, T_j)}{P(T_j)} = \frac{|S_i \cap T_j|/n}{|T_j|/n} = \frac{|S_i \cap T_j|}{|T_j|} \tag{4-4}$$

3）多条件下生态监测数据质量分析

（1）对不同分属性条件下的生态监测数据质量进行分析

定理 4-1 设生态监测数据质量等级为 T_i，气体生态监测数据质量等级为 S_j，其中 $i,j \in [1, L]$ 是不同质量等级，则不同分属性条件下的生态监测数据质量的概率 $P(T_i \mid S_j)$ 为

$$P(T_i \mid S_j) = \frac{|S_j \cap T_i|}{|S_j|}$$

证明：由贝叶斯公式可得

$$P(T_i \mid S_j) = \frac{P(S_j \mid T_i) P(T_i)}{P(S_j)} \tag{4-5}$$

由条件概率式（4-4）可得

$$P(S_j \mid T_i) = \frac{|S_j \cap T_i|}{|T_i|} \tag{4-6}$$

由先验概率计算式（4-2）可得

$$P(T_i) = \frac{|T_i|}{n}, P(S_j) = \frac{|S_j|}{n} \tag{4-7}$$

则将式（4-6）和式（4-7）代入式（4-5）可得

$$P(T_i \mid S_j) = \frac{|S_j \cap T_i|}{|S_j|}$$

同理，其他分属性条件下的生态监测数据质量的概率情况可以用类似的方法计算，这里不再赘述。

（2）对多属性条件下的生态监测数据质量进行分析

定理 4-2 设生态监测数据质量等级为 T_i，粒状物生态监测数据质量等级为 P_j，气体生态监测数据质量等级为 S_k，其中 $i, j, k \in [1, L]$ 是不同质量等级，则多属性条件下的生态监测数据质量的概率为

$$P(T_i \mid P_j, S_k) = \frac{|P_j \cap S_k \cap T_i|}{|P_j \cap S_k|}$$

证明：由贝叶斯公式可得

$$P(T_i \mid P_j, S_k) = \frac{P(P_j, S_k \mid T_i) P(T_i)}{P(P_j, S_k)} \tag{4-8}$$

由乘法定理可得

$$P(P_j, S_k \mid T_i) P(T_i) = P(P_j, S_k, T_i) \tag{4-9}$$

由联合概率的计算公式可得

$$P(P_j, S_k, T_i) = P(P_j \cap S_k \cap T_i) = \frac{|P_j \cap S_k \cap T_i|}{n} \tag{4-10}$$

$$P(P_j, S_k) = P(P_j \cap S_k) = \frac{|P_j \cap S_k|}{n} \tag{4-11}$$

则将式（4-9）~式（4-11）代入式（4-8）可得

$$P(T_i \mid P_j, S_k) = \frac{|P_j \cap S_k \cap T_i|}{|P_j \cap S_k|}$$

同理，其他多属性条件下的生态监测数据质量的概率情况可以用类似的方法计算，不再赘述。

4.2.2　生态监测数据质量预测准确度影响因素分析

为了实现多异常条件下结点生态监测数据质量预测分析的可靠性，提高预测结果的精度和准确性，将通过以下步骤实现：①建立预测指标体系；②规范化所获取的预测指标；③获取预测指标的最优权重。

由上文中多条件下生态监测数据质量分析的定理4-1和定理4-2可知，生态监测数据质量预测是基于不同的异常等级出现的次数，能否准确给出等级决定了预测的准确度。因此需要将笼统的生态监测数据质量分解成可测量的指标值。这些指标值是没有经过主观处理的数据，具有客观性；同时又是具体的数值，便于进行量化评估处理，是客观给出等级的基础。

1. 生态监测数据质量预测指标体系的约束条件

构建客观、科学和合理的生态监测数据质量指标体系，对重点生态监测数据质量进行预测具有重要意义。构建生态监测数据质量预测指标体系应统筹兼顾，遵循科学性与可操作性相结合的原则。预测指标不仅要科学客观，还应充分考虑指标数据的可获得性或可测量性，要有实用与可操作性的特性；同时预测指标体系的构建应采用定性与定量相结合的原则，对定性指标应通过特定的算法或方法进行指标量化处理，以达到生态监测数据质量预测分析的定量化目标。另外，预测指标体系应通过整体分析，从不同的方面来构建，能反映出各层次的特征，以实现对生态监测数据质量的准确反映。

2. 生态监测数据质量预测指标体系的构建

根据指标体系构建的基本原则，通过查阅和参考相关文献综述与专家意见，结合目前可用的传感器类型，综合考虑气体生态监测数据质量、粒状物生态监测数据质量、恶臭物质生态监测数据质量和二次污染生态监测数据质量等因素，力图客观、全面、系统、科学地构建生态监测数据质量预测的指标体系。需要说明的是，对于不同的监测点，影响因素各异，可根据实际情况进行调整。

3. 生态监测数据质量预测指标的预处理

对于预测过程能否顺利完成、预测结果是否准确、是否符合预测对象的客观实际等问题，在很大程度上取决于是否占有充分、可靠的历史和当前数据资料，以及对数据的合理加工处理。

由定理4-1和定理4-2可知，这里的多条件下预测是基于生态监测数据质量等级进行的。由于可获取的各指标值种类繁多，且单调性和量纲都是不一致的，因此需要对各指标值进行规范化处理，保证各指标值在[0,1]范围内，且单调性一致，能够直观地反映变化的客观规律；同时将生态监测数据质量等级范围设置成动态可配置的，且范围在[0,1]，值越大，表示质量越差。经过规范化处理，不仅有利于进行数值计算，而且能保证获得的值与所给出的等级范围、方向一致，便于确定生态监测数据质量等级，从而提高预测的准确度。为此，对收集到的传感器结点数据进行了规范化处理。

1）监测数据的获取

为获取真实可信的监测数据，由可信传感器结点获取到用于测量气体、粒状物、恶臭物质和二次污染生态监测数据质量各指标的数据信息。

2）监测数据的规范化处理

通过上述传感器获得的数据涉及不同的监测对象，数据量大，数据的度量单位、内在属性、数量级存在差异，不能直接进行综合和比较。必须将其转化为无量纲、无数量级差异、方向一致的规范化指标值之后，才能用作评价指标。

根据指标性质及表现形式的不同，综合评价指标可分为正指标、逆指标和适度指标三种类型。所以指标规范化过程主要包括两个方面内容：指标类型一致化和指标无量纲化[14]。

通常采用减法一致化方法和倒数一致化方法，对数据进行一致化处理。减法一致化下的结果更为稳定，鲁棒性更强；线性无量纲化方法包括 Z-Score 法、极差化、秩次化、均值化、极大化、极小化，其中 Z-Score 法和极差化无量纲方法相对于其他方法更为有效，进行无量纲化是比较合适的。

此处采用减法一致化方法式（4-12）和极差化方法式（4-13）来实现数据的规范化处理。

减法一致化公式：

$$et = \begin{cases} M-x & M \text{ 为指标 } x \text{ 的一个允许的上界} \\ K-|a-x| & K \text{ 为正常数，} a \text{ 为指标 } x \text{ 的适度值} \end{cases} \quad (4\text{-}12)$$

极差化无量纲公式：

$$et = \begin{cases} 0 & x < x_{\min} \\ \dfrac{x-x_{\min}}{x_{\max}-x_{\min}} & x_{\max} < x < x_{\min} \\ 1 & x_{\max} < x \end{cases} \quad (4\text{-}13)$$

其中，$x_{\min}$ 和 $x_{\max}$ 分别为 x 的最小值和最大值。

经过上述规范化处理之后，监测数据被表示为取值在［0，1］区间内正向递增的值。按照文献［23］的处理方法，再对所有监测数据进行质量评价，所得到的数据质量等级值作为预测证据值 eti，其取值也在［0，1］区间内，而且数值越大表明生态监测数据质量越差。令无量纲化证据集合为 ET ＝｛et_1，et_2，…，et_m｝，这些预测证据来源于实时、可靠的监测数据，可反映出评价者对生态监测数据质量程度的客观认识，可避免因数据数量级差别较大而造成预测误差较大的情况。

4. 预测指标最优权重的获取

不同的预测指标对监测数据质量的重要性不同，对质量优劣的贡献程度也存在差异。需要为不同的指标给出合理的权重，既要客观反映其贡献大小，又能真实地反映出生态监测数据质量的实际状况，从而保障给出的等级是可靠、准确的，进而保证基于贝叶斯网络的预测结果的正确。

指标赋权的方法总体上可分为主观赋权法、客观赋权法和组合赋权法三大类。其中组合赋权法是在基于信息量和基于主观判断的赋权法中选出几种进行组合分析，使得结果既含有主观信息，又含有客观信息；既反映了决策者的意向，也有着客观数学理论的支撑。因此预测指标最优权重的获取通过组合赋权法实现。

组合赋权法的思路是选取 P 种基于主观判断和基于信息量的赋权方法，设其指标权重分别为 $u_k = (u_{k1}, u_{k2}, \cdots, u_{km})$，$(k=1,2,\cdots,p)$，$\sum\limits_{j=1}^{m} u_{kj} = 1 (u_{kj} \geq 0)$，则该 P 种方法得到权重矩阵可表示为

$$U = \begin{bmatrix} u_1 \\ u_2 \\ \vdots \\ u_p \end{bmatrix} = \begin{bmatrix} u_{11} & u_{12} & \cdots & u_{1m} \\ u_{21} & u_{22} & \cdots & u_{2m} \\ \vdots & \vdots & & \vdots \\ u_{p1} & u_{p2} & \cdots & u_{pm} \end{bmatrix}_{p \times m}$$

设组合权重可表示为 $W = (w_1, w_2, \cdots, w_m)$，$\sum\limits_{j=1}^{m} w_j = 1 (w_j \geq 0)$。

定义 4-2（相对熵） 设 $p_i, q_i \geq 0 (i=1,2,\cdots,n)$ 且 $1 = \sum\limits_{i=1}^{n} p_i \geq \sum\limits_{i=1}^{n} q_i$，则称

$h(p,q) = \sum\limits_{i=1}^{n} p_i \log \dfrac{p_i}{q_i}$ 为 p 相对于 q 的相对熵，主要性质如下：

（1）$\sum\limits_{i=1}^{n} p_i \log \dfrac{p_i}{q_i} \geqslant 0$；

（2）$\sum\limits_{i=1}^{n} p_i \log \dfrac{p_i}{q_i} = 0$ 的充要条件是，对所有的 i，$p_i = q_i$。

由上述性质可知，当 p，q 为两个离散分布时，相对熵可以作为两者符合程度的度量函数。

本书中运用相对熵理论，定义两种不同赋权方法下权重向量的相对熵如下。

定义 4-3（权重向量的相对熵）　设 u_i，u_j 是两种不同赋权方法下所得的权重向量，则称 $h(u_i, u_j) = \sum\limits_{n=1}^{m} u_{in} \log \dfrac{u_i}{u_{jn}}$ 为权重向量 u_i 相对于 u_j 的相对熵。

由相对熵的性质可知，$h(u_i, u_j)$ 可用来度量两种赋权方法得到的权重向量 u_i 和 u_j 的符合程度。$h(u_i, u_j) = 0$，当且仅当 $\forall n \in \{1, 2, \cdots, m\}$，$\ni u_{in} = u_{jn}$。则由定义 4-3 权重向量的相对熵可知，为保证组合权重与每种赋权方法的权重之间的相对熵最小，可构造如下的优化模型：

$$\min H(\omega) = \sum_{j=1}^{p} \sum_{i=1}^{m} \omega_i \log \frac{\omega_i}{u_{ji}} \tag{4-14}$$

$$\text{s. t.} \sum_{i=1}^{m} \omega_i = 1 (\omega_i \geqslant 0) \tag{4-15}$$

上述模型有全局最优解[15]，$\omega* = (\omega_1*, \omega_2*, \cdots, \omega_m*)$

$$\omega_i* = \prod_{j=1}^{p} (u_{ji})^{\frac{1}{p}} \bigg/ \sum_{i=1}^{m} \prod_{j=1}^{p} (u_{ji})^{\frac{1}{p}} (i = 1, 2, \cdots, m) \tag{4-16}$$

5. 生态监测数据质量量化值的获取

1）根结点生态监测数据质量量化值的获取

由式（4-11）可得各种赋权方法的组合权重 $W = (\omega_1, \omega_2, \cdots, \omega_m)$，无量纲化证据集合为 $\text{ET} = \{et_1, et_2, \cdots, et_m\}$，则整个生态监测数据质量的量化值 Eval 为

$$\text{Eval} = \sum_{j=1}^{m} (et_j) \times (\omega_j) \tag{4-17}$$

将式（4-16）代入式（4-17）可得

$$\text{Eval} = \sum_{k=1}^{m} \left[(et_k) \left(\prod_{j=1}^{p} (u_{jk})^{\frac{1}{p}} \bigg/ \sum_{i=1}^{m} \prod_{j=1}^{p} (u_{ji})^{\frac{1}{p}} \right) \right] \tag{4-18}$$

根结点生态监测数据质量的阈值为

$$\text{TL}_{父结点} = \min(\text{Eval}) \tag{4-19}$$

2）不同分属性排放量化值的获取

设第 i 类分属性，其起始指标下标为 n，指标层共包含 L 个指标（$L < m$），则该类分属性的量化值 TEval 为

$$\text{TEval} = \sum_{j=n}^{L+n} (et_j) \times (\omega_j) \tag{4-20}$$

将式（4-16）代入式（4-21）可得

$$\text{TEval} = \sum_{k=n}^{L+n} \left[(\text{et}_k) \times \left(\prod_{j=1}^{p} (u_{jk})^{\frac{1}{p}} \bigg/ \sum_{i=1}^{m} \prod_{j=1}^{p} (u_{ji})^{\frac{1}{p}} \right) \right] \tag{4-21}$$

各类分属性生态监测数据质量的阈值为

$$\text{TL}_{\text{子结点}} = \min(\text{TEval}) \tag{4-22}$$

4.2.3　基于贝叶斯网络的生态监测数据质量预测

根据生态监测数据质量阈值动态地配置 L 个异常等级，并对这些等级从高到低进行顺序编号为整型变量 $i(i=1,2,\cdots,L)$，则它们所代表的异常区间范围从高到低的顺序分别是：

$$\left[1, 1-\frac{\text{TH}}{L-1} \right], \left[1-\frac{\text{TH}}{L-1}, 1-2\times\frac{\text{TH}}{L-1} \right], \cdots, \left[1-(L-2)\times\frac{\text{TH}}{L-1}, \text{TL} \right], [\text{TL}, 0]$$

其中 TL 是异常最低阈值，即当监测异常值大于 TL 时，监控中心就必须预测了，且 TH+TL=1。每次监测数据更新后，总次数 n 加 1，量化的值落在哪个范围内，则相应范围内所对应的次数加 1，其他保持不变。为了满足各种不同的监测需求，还要保存两个和两个以上的不同结点值同时落在不同范围的次数，这主要用来计算在多个异常属性条件下的数据质量。结点值同时落在两个不同结点范围内的次数用二维数组存储，结点值同时落在三个或四个不同结点范围的次数分别用三维或四维数组存储。

数组的名字表示不同的结点，数组的下标表示生态监测数据质量的不同等级范围，用 $|T_i|$、$|S_i|$、$|P_i|$、$|K_i|$、$|M_i|(1 \leq i \leq L)$ 分别表示与所监测生态监测数据质量历史中整个生态监测数据质量等级、气体生态监测数据质量和粒状生态监测数据质量等级、恶臭物质生态监测数据质量等级、二次生态监测数据质量等级分别落在 T_i、S_i、P_i、K_i、M_i 范围内的次数，其值分别存储在一维数组中；$|T_i \cap S_j|$ 表示生态监测数据质量 T 和气体生态监测数据质量 S 分别落在 T_i、S_j 范围内的次数，用二维数组存储。其他多条件下的次数，用多维数组存储。

$$|T_i| = \begin{cases} |T_1|+1 & 1-\dfrac{\text{TH}}{L-1} \leq \sum_{k=1}^{m} \left[(\text{et}_k) \times \left(\prod_{j=1}^{p} (u_{jk})^{\frac{1}{p}} \bigg/ \sum_{i=1}^{m} \prod_{j=1}^{p} (u_{ji})^{\frac{1}{p}} \right) \right] \leq 1 \\[2em] |T_2|+1 & 1-2\times\dfrac{\text{TH}}{L-1} \leq \sum_{k=1}^{m} \left[(\text{et}_k) \times \left(\prod_{j=1}^{p} (u_{jk})^{\frac{1}{p}} \bigg/ \sum_{i=1}^{m} \prod_{j=1}^{p} (u_{ji})^{\frac{1}{p}} \right) \right] \leq \left(1-\dfrac{\text{TH}}{L-1}\right) \\[2em] |T_{L-1}|+1 & 1-(L-2)\times\dfrac{\text{TH}}{L-1} \leq \sum_{k=1}^{m} \left[(\text{et}_k) \times \left(\prod_{j=1}^{p} (u_{jk})^{\frac{1}{p}} \bigg/ \sum_{i=1}^{m} \prod_{j=1}^{p} (u_{ji})^{\frac{1}{p}} \right) \right] \leq \text{TL} \\[2em] |T_L|+1 & 0 \leq \sum_{k=1}^{m} \left[(\text{et}_k) \times \left(\prod_{j=1}^{p} (u_{jk})^{\frac{1}{p}} \bigg/ \sum_{i=1}^{m} \prod_{j=1}^{p} (u_{ji})^{\frac{1}{p}} \right) \right] \leq \text{TL} \end{cases}$$
$$\scriptstyle (1\leq i\leq L)$$

$$(4-23)$$

同理，可获得 $|S_i|$，$|P_i|$，$|K_i|$，$|M_i|$（$1 \leqslant i \leqslant L$），以及多条件下生态监测数据质量落在不同范围内的次数，依次类推可获得。

将上述值，代入定理 4-1 和定理 4-2，运用贝叶斯公式，求得结点的最大后验概率，即可获得多条件下生态监测数据质量的预测值。

1. 数据采集和处理

选择某监测点的 3 天（2016.9.14—2016.9.16）的监测数据来进行预测，检测样本共 72 条数据。其中，将 2016 年 9 月 14 日到 2016 年 9 月 15 日这一时段的共 48 条数据作为样本数据（部分如图 4-1 所示），将 2016 年 9 月 16 日 0 时到 23 时这一时段的共 24 条数据作为测试数据。

点位	1300000521	2016	09	14	00	0.055	0.067	0.0425	0.0446	1.367	0.0571
点位	1300000521	2016	09	14	01	0.052	0.063	0.03	0.0468	1.1578	0.0505
点位	1300000521	2016	09	14	02	0.043	0.079	0.0437	0.0565	1.1886	0.0433
点位	1300000521	2016	09	14	03	0.048	0.062	0.0516	0.0581	1.2369	0.0394
点位	1300000521	2016	09	14	04	0.051	0.063	0.0539	0.0646	1.2619	0.0352
点位	1300000521	2016	09	14	05	0.048	0.059	0.0517	0.0519	1.2664	0.039
点位	1300000521	2016	09	14	06	0.035	0.062	0.0756	0.067	1.2616	0.0368
点位	1300000521	2016	09	14	07	0.041	0.062	0.0602	0.0617	1.2844	0.038
点位	1300000521	2016	09	14	08	0.122	0.209	0.1252	0.1219	6.0989	0.0235
点位	1300000521	2016	09	14	09	0.07	0.094	0.0417	0.0846	1.6541	0.038
点位	1300000521	2016	09	14	10	0.096	0.12	0.0725	0.0857	3.4764	0.0556
点位	1300000521	2016	09	14	11	0.092	0.094	0.0718	0.069	2.578	0.0886
点位	1300000521	2016	09	14	12	0.077	0.109	0.1104	0.0447	1.4229	0.1339
点位	1300000521	2016	09	14	13	0.051	0.1	0.069	0.0361	1.2812	0.1473
点位	1300000521	2016	09	14	14	0.037	0.05	0.026	0.0325	1.216	0.1258
点位	1300000521	2016	09	14	15	0.039	0.057	0.0191	0.0304	1.2126	0.131
点位	1300000521	2016	09	14	16	0.044	0.056	0.0148	0.0277	1.193	0.1344
点位	1300000521	2016	09	14	17	0.045	0.063	0.0165	0.0314	1.1972	0.1318
点位	1300000521	2016	09	14	18	0.053	0.082	0.0389	0.0392	1.2524	0.1259
点位	1300000521	2016	09	14	19	0.11	0.17	0.0746	0.0733	1.5049	0.1136
点位	1300000521	2016	09	14	20	0.165	0.235	0.085	0.0773	1.8496	0.093
点位	1300000521	2016	09	14	21	0.203	0.241	0.0998	0.0841	1.9912	0.0721
点位	1300000521	2016	09	14	22	0.186	0.235	0.1285	0.0831	2.0374	0.0677
点位	1300000521	2016	09	14	23	0.139	0.183	0.1242	0.0749	1.7534	0.062

图 4-1 预测样本数据（部分）

2. 生态监测数据质量预测

数据质量分为四级，如表 4-1 所示。

表 4-1 数据库中生态监测数据质量在各个范围内的次数

监测指标	等级			
	1	2	3	4
T	6	10	12	20
S	8	16	16	8
P	4	12	14	18
K	4	16	18	10
M	8	14	10	16

由 48 小时生态监测数据质量统计可以计算出二维数组中各元素的值，数组 TS、TP、TK、TM、SP 等的值分别为

$$\begin{bmatrix} 2 & 1 & 2 & 1 \\ 3 & 2 & 3 & 2 \\ 2 & 4 & 4 & 2 \\ 1 & 9 & 7 & 3 \end{bmatrix}, \begin{bmatrix} 1 & 2 & 2 & 1 \\ 1 & 3 & 4 & 2 \\ 1 & 4 & 4 & 3 \\ 1 & 3 & 4 & 12 \end{bmatrix}, \begin{bmatrix} 1 & 2 & 2 & 1 \\ 1 & 3 & 4 & 2 \\ 1 & 4 & 4 & 3 \\ 1 & 7 & 8 & 4 \end{bmatrix},$$

$$\begin{bmatrix} 2 & 1 & 2 & 1 \\ 3 & 2 & 3 & 2 \\ 2 & 4 & 4 & 2 \\ 1 & 7 & 1 & 11 \end{bmatrix}, \begin{bmatrix} 1 & 3 & 2 & 2 \\ 1 & 5 & 4 & 6 \\ 1 & 3 & 6 & 6 \\ 1 & 1 & 2 & 4 \end{bmatrix}$$

表 4-2 是气体监测数据质量的条件概率计算结果，其他指标类似。

表 4-2　气体监测数据质量的条件概率

气体监测数据质量等级	T1	T2	T3	T4
S1	1/3	3/10	1/6	1/20
S2	1/6	1/5	1/3	9/20
S3	1/3	3/10	1/3	7/20
S4	1/6	1/5	1/6	3/20

图 4-2 为测试样本数据。

点位											
点位	1300000521	2016	09	16	00	0.129	0.185	0.1012	0.128	1.8609	0.0594
点位	1300000521	2016	09	16	01	0.129	0.175	0.0768	0.1088	1.7668	0.0596
点位	1300000521	2016	09	16	02	0.15	0.201	0.052	0.1322	1.8515	0.0336
点位	1300000521	2016	09	16	03	0.154	0.223	0.0528	0.1686	2.0571	0.0203
点位	1300000521	2016	09	16	04	0.153	0.205	0.073	0.1887	2.1274	0.017
点位	1300000521	2016	09	16	05	0.153	0.211	0.0956	0.1774	1.9534	0.0188
点位	1300000521	2016	09	16	06	0.153	0.22	0.1097	0.1712	2.5084	0.0169
点位	1300000521	2016	09	16	07	0.149	0.258	0.163	0.2032	3.6322	0.0151
点位	1300000521	2016	09	16	08	0.147	0.236	0.1512	0.1915	3.4722	0.0186
点位	1300000521	2016	09	16	09	0.138	0.23	0.1556	0.1794	2.9866	0.0224
点位	1300000521	2016	09	16	10	0.14	0.221	0.1424	0.1079	2.1879	0.0413
点位	1300000521	2016	09	16	11	0.118	0.181	0.1331	0.0759	1.8684	0.0745
点位	1300000521	2016	09	16	12	0.1	0.163	0.1263	0.0477	1.6614	0.1151
点位	1300000521	2016	09	16	13	0.101	0.124	0.0913	0.0358	1.6069	0.1447
点位	1300000521	2016	09	16	14	0.106	0.153	0.083	0.0354	1.6192	0.1551
点位	1300000521	2016	09	16	15	0.102	0.148	0.0724	0.0318	1.5246	0.1646
点位	1300000521	2016	09	16	16	0.109	0.128	0.072	0.0315	1.5391	0.1622
点位	1300000521	2016	09	16	17	0.107	0.141	0.0701	0.0348	1.6026	0.1577
点位	1300000521	2016	09	16	18	0.089	0.139	0.0555	0.0371	1.4736	0.1398
点位	1300000521	2016	09	16	19	0.093	0.13	0.0596	0.047	1.5298	0.1241
点位	1300000521	2016	09	16	20	0.101	0.136	0.0648	0.051	1.5907	0.1043
点位	1300000521	2016	09	16	21	0.089	0.124	0.052	0.0315	1.4736	0.0151
点位	1300000521	2016	09	16	22	0.154	0.258	0.163	0.2032	3.6322	0.1646
点位	1300000521	2016	09	16	23	0.154	0.258	0.163	0.2032	3.6322	0.1646

图 4-2　测试样本数据

通过 2.2 节生态监测数据质量量化值的获取方法将测试样本数据处理后得到的证据值、气体等级如图 4-3 所示。

点位	1300000521	2016	09	16	00	0.615	0.455	0.443	0.562	0.179	0.296	0.49	3
点位	1300000521	2016	09	16	01	0.615	0.381	0.223	0.45	0.136	0.298	0.437	2
点位	1300000521	2016	09	16	02	0.938	0.575	0	0.586	0.175	0.124	0.57	3
点位	1300000521	2016	09	16	03	1	0.739	0.007	0.798	0.27	0.035	0.644	3
点位	1300000521	2016	09	16	04	1	0.739	0.007	0.798	0.27	0.035	0.644	3
点位	1300000521	2016	09	16	05	0.985	0.649	0.393	0.85	0.222	0.025	0.659	3
点位	1300000521	2016	09	16	06	0.985	0.716	0.52	0.814	0.479	0.012	0.694	3
点位	1300000521	2016	09	16	07	0.923	1	1	1	1	0	0.828	4
点位	1300000521	2016	09	16	08	0.892	0.836	0.894	0.932	0.926	0.023	0.757	3
点位	1300000521	2016	09	16	09	0.754	0.791	0.933	0.861	0.701	0.049	0.689	3
点位	1300000521	2016	09	16	10	0.785	0.724	0.814	0.445	0.331	0.175	0.643	3
点位	1300000521	2016	09	16	11	0.446	0.493	0.731	0.259	0.183	0.397	0.459	3
点位	1300000521	2016	09	16	12	0.169	0.291	0.669	0.094	0.087	0.669	0.319	2
点位	1300000521	2016	09	16	13	0.185	0	0.354	0.025	0.062	0.867	0.236	2
点位	1300000521	2016	09	16	14	0.262	0.216	0.279	0.023	0.067	0.936	0.323	2
点位	1300000521	2016	09	16	15	0.2	0.179	0.184	0.002	0.024	1	0.286	2
点位	1300000521	2016	09	16	16	0.168	0.016	0.18	0	0.016	0.984	0.285	2
点位	1300000521	2016	09	16	17	0.277	0.127	0.163	0.019	0.06	0.954	0.295	2
点位	1300000521	2016	09	16	18	0	0.112	0.032	0.033	0	0.834	0.155	1
点位	1300000521	2016	09	16	19	0.062	0.045	0.068	0.09	0.026	0.729	0.155	1
点位	1300000521	2016	09	16	20	0.185	0.09	0.115	0.114	0.054	0.597	0.201	2
点位	1300000521	2016	09	16	21	0	0.112	0.032	0.033	0	0.834	0.155	2
点位	1300000521	2016	09	16	22	0.615	0.381	0.223	0.45	0.136	0.298	0.437	2
点位	1300000521	2016	09	16	23	0.062	0.045	0.068	0.09	0.026	0.729	0.155	2

图 4-3　测试样本规范化数据、量化值和等级

由图 4-3 和上文公式，可以预测得到生态监测数据质量等级如表 4-3 所示。

表 4-3　基于贝叶斯网络的生态监测数据质量预测等级结果

时　间	实　际　值	预　测　值
2016 年 9 月 16 日 00 时	4	4
2016 年 9 月 16 日 01 时	4	4
2016 年 9 月 16 日 02 时	4	4
2016 年 9 月 16 日 03 时	4	4
2016 年 9 月 16 日 04 时	4	4
2016 年 9 月 16 日 05 时	4	4
2016 年 9 月 16 日 06 时	4	4
2016 年 9 月 16 日 07 时	4	4
2016 年 9 月 16 日 08 时	4	4
2016 年 9 月 16 日 09 时	4	4
2016 年 9 月 16 日 10 时	4	4
2016 年 9 月 16 日 11 时	4	4
2016 年 9 月 16 日 12 时	4	4
2016 年 9 月 16 日 13 时	4	4
2016 年 9 月 16 日 14 时	4	4
2016 年 9 月 16 日 15 时	4	4

时　　间	实　际　值	预　测　值
2016 年 9 月 16 日 16 时	4	4
2016 年 9 月 16 日 17 时	4	4
2016 年 9 月 16 日 18 时	3	2
2016 年 9 月 16 日 19 时	3	2
2016 年 9 月 16 日 20 时	3	4
2016 年 9 月 16 日 21 时	3	4
2016 年 9 月 16 日 22 时	4	4
2016 年 9 月 16 日 23 时	4	4

通过贝叶斯网络模型实现了生态监测数据质量的预测，预测结果较为理想，预测精度达到了 83.3%。通过表 4-3 可以发现监测数据质量等级在相当长的时间内并未发生变化，这是由于生态物联网监测是一个渐进的过程，而测试数据只有 24 小时的时间跨度，因而在图中生态监测数据质量等级在一段时间内维持在同一水平。

4.3　生态监测数据预警

与传统的生态监测方式相比，基于物联网技术的生态监测具有精确度更高、可靠性更强、实时性更好、覆盖范围更广等优点，已经成为一个重要的应用领域。针对生态物联网监测平台产生的海量监测数据进行智能处理，是实现对物理世界的更透彻感知的一个重要环节。基于物联网监测数据的实时预警是一个有现实意义和应用价值的研究方向。基于贝叶斯网络实现生态监测预警算法，可以在满足监测数据可靠性的基础上，基于贝叶斯网络进行实时预警，使监测和预警融为一体。

4.3.1　基于贝叶斯网络的数据预警模型

针对生态物联网的监测数据，构建基于贝叶斯网络的预警模型。

1. 生态监测预警指标体系的构建

在生态监测预警模型构建上，预警指标的选择非常重要。按照科学性、系统性、可操作性、针对性等原则，参考相关的国家标准 [《环境空气质量标准》(GB 3095—2012)、《地表水环境质量标准》(GB 3838—2002)] 和相关研究成果，结合现场实际条件，构建了生态监测预警指标体系。图 4-4 为预警指标体系结构。

2. 生态监测预警的贝叶斯网络模型

一个生态监测预警的贝叶斯网络基本模型是一个有向无环图，由代表变量的结点和连接这些结点的有向边构成。变量结点包括预警对象，即生态监测质量 E 及其分解后的分类预警对象，如空气监测质量 A、气象监测质量 M 和水质监测质量 H 等。结点间的有向边代表了结点间的依赖关系，由父结点指向其后代结点。图 4-5 为生态监测预警的贝叶斯网络基本模型。

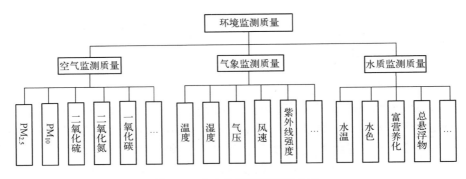

图 4-4　生态监测预警指标体系

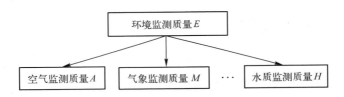

图 4-5　生态监测预警的贝叶斯网络基本模型

3. 监测质量等级划分

为了便于应用贝叶斯网络实现预警，将监测质量 E、A、M、H 等结点划分为 L 个等级，并从低到高顺序编号为整数 i，$i \in [1,L]$。假定采用均分的方式来划分，则各等级所代表的监测质量区间从低到高依次为：$\left[0, \dfrac{E_{\max}}{L}\right]$，$\left[\dfrac{E_{\max}}{L}, \dfrac{2E_{\max}}{L}\right]$，$\cdots$，$\left[\dfrac{(L-1)E_{\max}}{L}, 1\right]$。

其中，$E_{\max}$ 为监测质量的最优值。每进行一次监测预警，预警总次数 n 加 1。同时，各结点的监测质量值落在哪个区间内，则相应区间所对应的次数也加 1。另外，还要保存两个和两个以上不同结点值同时落在不同区间的次数，以用于计算多条件下的监测质量预警，可以分别用二维数组和三维数组来存放相应的次数值。

用数组的名字表示不同的结点，数组下标表示不同的监测质量区间。如 E_i 和 A_i 分别表示环境监测质量和空气监测质量的区间，$|E_i|$ 和 $|A_i|$ 分别表示在总预警次数中，生态监测质量和空气监测质量分别落在 E_i 和 A_i 范围内的次数，其值分别存入在数组 E_{ia} 和 A_{ia} 中，并用 $P(E_i)$ 和 $P(A_i)$ 来表示其概率。

4. 条件概率计算

使用贝叶斯网络进行监测质量预警之前，需要先计算各结点的先验概率及其条件概率。主要利用贝叶斯公式

$$P(h \mid e) = \frac{P(e \mid h)P(h)}{P(e)} \tag{4-24}$$

$P(h)$ 表示假设 h 发生的先验概率，$P(e)$ 表示证据 e 的先验概率。$P(h \mid e)$ 表示假设 h 在证据 e 已发生的条件下发生的条件概率，$P(e \mid h)$ 表示 e 在假设 h 已发生的条件下发生的条件概率。如环境监测质量的先验概率计算公式为

$$P(E_i) = \frac{|E_i|}{n} (1 \leqslant i \leqslant L) \tag{4-25}$$

其中 n 表示预警的总次数，$|E_i|$ 表示在所有的预警中，环境监测质量落在 E_i 所对应区间内的次数。其他结点的先验概率计算公式与之类似。

在此基础上，再求出各结点的条件概率表。如将监测质量划分为 3 个等级，则空气监测质量结点的条件概率表见表 4-4。

表 4-4　空气监测质量结点的条件概率表

结　　点	E_1	E_2	E_3
A_1	$P(A_1 \mid E_1)$	$P(A_1 \mid E_2)$	$P(A_1 \mid E_3)$
A_2	$P(A_2 \mid E_1)$	$P(A_2 \mid E_2)$	$P(A_2 \mid E_3)$
A_3	$P(A_3 \mid E_1)$	$P(A_3 \mid E_2)$	$P(A_3 \mid E_3)$

结点的条件概率可使用下面的公式来计算

$$P(e \mid h) = \frac{P(h,e)}{P(h)} \tag{4-26}$$

如 $P(A_i \mid E_j)$ 表示环境监测质量在 E_j 区间内的条件下空气监测质量在 A_i 区间内的概率。据公式有：

$$P(A_i \mid E_j) = \frac{P(E_j, A_i)}{P(E_j)} = \frac{|E_j \cap A_i|}{|E_j|} \tag{4-27}$$

4.3.2　生态监测数据预警算法

在求出生态监测质量先验概率及其子结点的先验概率及条件概率后，即可计算在某个特定监测质量条件下生态监测质量等级的概率，据此实现生态监测质量的实时预警。

生态监测预警算法如图 4-6 所示。

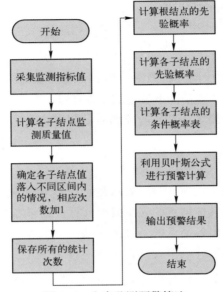

图 4-6　生态监测预警算法

利用上述预警算法开发实现了基于物联网的远程生态监测预警系统，其功能模块图如图 4-7 所示。

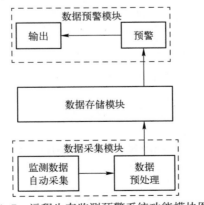

图 4-7　远程生态监测预警系统功能模块图

　　该预警系统由数据采集模块、数据存储模块和数据预警模块组成。

　　数据采集模块中，使用无线传感器网络对空气质量、气象指标、水质指标等进行自动监测。得到的监测数据通过中继结点和汇聚结点定期上传到网关，在经过必要的数据预处理之后存入数据库。

　　数据存储模块采用数据库技术保存所有监测数据和其他相关信息。

　　数据预警模块使用生态监测预警算法实现常规自动预警和特定事件触发预警等功能，并将预警结果通过短信、邮件等形式进行发布。

第 5 章 生态物联网的可靠性分析与评估

5.1 生态物联网结点部署

基于物联网技术进行生态监测的优势包括：

◇ 将传感器结点部署在排污处可实时监测排污量是否超标；

◇ 将传感器细粒度部署在监测区域内部可检测是否出现突发情况；

◇ 利用物联网传感器结点费用低、覆盖广的特点，可将传感器结点部署在生态监测区的外围实时监测；

◇ 物联网可有效地与 GPRS、4G/5G、卫星通信、无线通信和我国的北斗卫星通信相结合，做到可靠的远程通信；

◇ 物联网的无线传感器网络可以灵活布置，及时跟踪。人们可以根据需要及时将无线传感器结点布撒在需要监测的环境中，动态自组织地形成监测网，不需要专门的网络设备和专业技术人员维护，更重要的是可以通过增加低成本传感器的密度，减小传感器间的距离，提高监测信息的准确度和监测数据的可靠性。

图 5-1 是基于物联网的生态监测系统整体架构。为了保障数据监测准确、分析结果可用，需要保障生态物联网的系统可靠。

1. 三维立体模块化结点部署方法理论与量化分析

为保障拓扑结构的可靠性，设计了以重点监测源中心为圆心的厂区监测区域。同时为解决监测系统中断以及监测数据异常的问题，在监测源四周部署传感器结点，以实现根据周边结点的雾霾状况，反演生态监测数据的排污情况，提高雾霾监测的可靠性。根据需求，设计了如图 5-2 所示的由基本监测区域组成的三维立体监测网。

2. 生态监测区域内部全覆盖的计算与分析

1）均匀分簇的模块化结点部署方法

监测区域内部结点采用模块化部署，拓扑结构由基本监测体 BA 组合而成。为便于正常数据的均衡融合及异常数据的快速转发，首先需要基本监测体 BA 的监测结点分布均匀，因为结点分布均匀将为 BA 乃至整个监测区域的数据准确融合奠定良好的基础；其次是要求 BA 有一个与其他结点距离都相对相等的承担簇头结点的汇聚结点，便于能耗均衡、整体系统节能；最后是对于无须路由的只承担监测功能的监测结点采用静态路由方式与簇头直接通信以减少能量的消耗，由于监测结点相互之间不通信，因此任何一个监测结点的失效并不能中断整个监测系统的传输功能。根据以上需求，设计了由如图 5-3 所示的基本监测体组成的三维立体监测网。

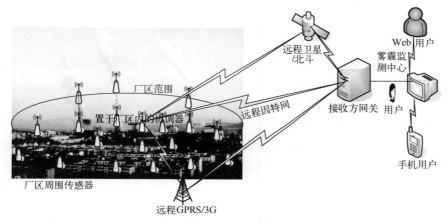

图 5-1　基于物联网的生态监测系统整体架构

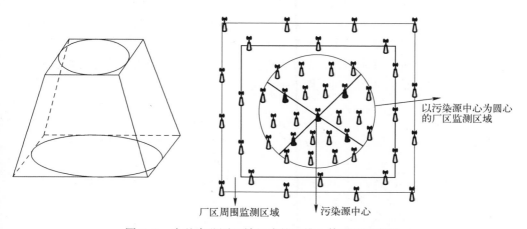

图 5-2　由基本监测区域组成的三维立体监测示意图

定义 5-1　基本监测体 BA。基本监测体 BA 是如图 5-3 所示的由 7 个相邻结点等距离的监测点组成的正六边形监测区域，其中 6 个白色结点是用来监测数据的普通结点，不进行数据的转发，这样做可以延长结点的寿命。基本监测体正中间的黑色结点与其他 6 个结点的距离相等，具备路由功能，它既可以监测数据又可转发数据，充当簇头的作用，周围其他结点监测的数据直接转发给它。

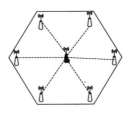

图 5-3　基本监测体 BA 结构图

定义 5-2　理想监测体 HA。理想监测体 HA 是指未考虑监测结点冗余只考虑结点有效传输半径的监测最大能覆盖区域。

定义 5-3　一般监测体 UA。一般监测体 UA 是指实际需要监测的区域，如果其监测的面积小于基本监测体 BA 的面积，就通过调节基本监测体 BA 中心结点与周围结点之间的距离来达到与实际监测半径相等的目的，如果 UA 的监测面积大于 BA 的监测面积就用 BA 进行密铺来实现，同时保持正六边形拓扑结构不变。

整个监测区域的结点部署采用单 Sink 多级簇的结构，整个监测区域唯一地配置一个协调器结点，负责与监测区域网关之间的通信，称之为一级簇头，离协调器最近的具有路由功能的结点作为二级簇头，以此由内至外作为三级簇头、四级簇头……N 级簇头结点。簇头结点和协调器结点具有汇聚和转发的功能，比普通监测结点作用更重要，被称为关键结点。在实际监测应用中，可以根据监测区域的半径合理地进行基本监测区域 BA 的再组合，同时要保证正六边形的拓扑结构不发生变化。结构如图 5-4、图 5-5 所示。

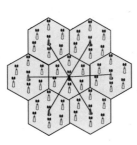

图 5-4　二级簇头结构

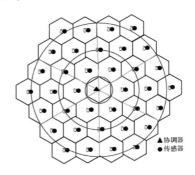

图 5-5　多级簇头结构

2）**拓扑结构相关参数的计算与分析**

在实际的应用环境中，假设所有的传感器结点都是同构的，传感器的感知半

径 R_s，根据产品说明书可以获得，同时设基本检测体正六边形的半径为 d，需检测区域的面积事先已确定为 S。

定义 5-4　设在检测区域内传感器的感知半径为 R_s，理想监测区域的面积为 S，则需要监测的拓扑结构的总层数 N 为：$\left| \sqrt{3S/\pi}/2R_s+1/2 \right|$。

证明：要保证任意两个结点之间能通信，采用单 Sink 多级簇结构，单个簇内部传感器传送信息给簇头结点，同时感知数据传输由第 i 层簇头传送给第 $i-1$ 层簇头，其中 $i=2,3,\cdots,k$，第一层簇结构表示位于中心的正六边形单元，即协调器结点 Sink 所在的单元。

在单 Sink 多级簇结构中，相邻簇头之间的距离为 $2\times\sqrt{d^2-\left(\dfrac{d}{2}\right)^2}=\sqrt{3}d$。

在整个结构中，为了保证结点覆盖整个六边形区域，有 $R_s\geqslant d$；同时为了满足连通性，保证相邻层簇头结点之间的正常通信，有 $R_s\geqslant\sqrt{3}d$，则 R_s 取 $\max\{d,\sqrt{3}d\}$，所以，$\sqrt{3}d=R_s$。

因此，为了确保网络的覆盖和连通性，正六边形的半径为：

$$d=\frac{\sqrt{3}}{3}R_s \tag{5-1}$$

由图 5-5 多级簇头结构图可知，层数与采样半径之间的关系如表 5-1 所示。

表 5-1　层数与采样半径关系表

层数（N）	采样半径
1	d
2	$3d$
3	$5d$
4	$7d$
$\vdots$	$\vdots$
i	$(2\times i-1)\times d$

由此可得，层数与理想监测区域面积之间满足：

$$S=\pi\times\left[(2\times N-1)\times d\right]^2 \tag{5-2}$$

则层数由式（5-2）可计算得

$$N=\sqrt{S/\pi}/2d+1/2 \tag{5-3}$$

将式（5-1）代入式（5-3）可得计算层数 N 公式（5-4）

$$N=\left| \sqrt{3S/\pi}/2R_s+1/2 \right| \tag{5-4}$$

性质 5-1　设 N 为监测区域内拓扑结构的层次数，则监测区域内总的簇头结点数 N_{key} 为

$$N_{\text{key}} = 3N(N-1)+1 \qquad (N \geqslant 1)$$

证明：设第 i 层的簇头结点数为 $N_{\text{key}(i)}$

$$\begin{cases} N_{\text{key}(1)} = 1 & i = 1 \\ N_{\text{key}(i)} = (i-1) \times 6 & i \geqslant 2 \end{cases}$$

则　　　　　$N_{\text{key}} = 6(N-1)+3(N-1)(N-2)+1, (N \geqslant 1)$ 　　　　(5-5)

对式（5-5）化简得

$$N_{\text{key}} = 3N(N-1)+1 \qquad\qquad (5-6)$$

5.2　生态物联网可靠性分析

5.2.1　监测区域内部簇结构的可靠性量化分析

整个监测区域是一个多级簇结构，对它的可靠性分析，可采取将复杂系统分解成各个子系统，然后求各子系统的可靠性，最后再进行组合的方式进行。多级簇结构，从数据汇聚的角度考虑，可抽象成由 k 个基本监测体 $C_i(1 \leqslant i \leqslant k)$ 构成的串行结构，其可靠性框图如图 5-6（a）所示。

其中，每个基本监测体 C_i，由 1 个簇头结点 C_{Hi} 和 m 个感知结点 $S_i(1 \leqslant i \leqslant m)$ 构成的并行结构，其可靠性框图如图 5-6（b）所示。

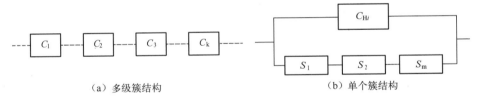

（a）多级簇结构　　　　　　　　　　　　　　　　（b）单个簇结构

图 5-6　可靠性框图

定义 5-5　设多级簇结构中，基本监测体的个数为 k，每个基本监测体中簇头结点和感知结点的可靠性都是 R，个数为 $m+1$ 个，则多级簇结构的可靠性为

$$\left[1-(1-R)^{m+1}\right]^k$$

证明：由图 5-6（b）可知，每个簇结构是由 m 个感知结点和 1 个簇头结点并联构成，则基本监测体的可靠性

$$R_{\text{cluster}} = 1 - \overline{C_{H1}} \prod_{i=1}^{m} \overline{S_i}$$

$$= 1 - (1-R) \prod_{i=1}^{m} (1-R)$$

$$= 1 - (1-R)^{m+1}$$

整个内部监测区域是由 k 个基本监测体组成，它们必须同时有效时，整个内部监测区域才是可靠的，因此多级簇结构的可靠性

$$R_{sys\_int} = \prod_{i=1}^{k} R_{cluster}$$

$$= \prod_{i=1}^{k} \left[1 - (1 - R)^{m+1} \right]$$

$$= \left[1 - (1 - R)^{m+1} \right]^{k}$$

5.2.2　监测区域外围全覆盖的分析与计算

为了提高监测的可靠性，利用物联网传感器结点费用低、覆盖范围广等特点，将传感器结点部署在被监测企业的外围，实时监测企业对周边空气质量的影响，可以从监测污染结果反演出被监测企业是否有偷排、乱排等现象。首先外围区域监测应该满足全覆盖的特点；其次为节约成本，应使得外围监测区域结点数量最少。在满足上述要求的前提下，将外围区域等效成由四块基本矩形区域组成，基本矩形区域的模型如图 5-7 所示。定义矩形区域的长为 L，宽为 W，面积为 S，$S=L \times W$，并且 $L \gg W$，并假设传感器的感知半径 $R_s > W$。

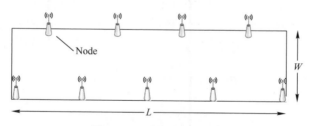

图 5-7　矩形区域平面图

定义 5-6　邻间距（d）。邻间距指相邻两结点沿着矩形区域长度方向的两圆心之间的水平距离。

定义 5-7　覆盖密度（coverage density）。覆盖密度是指全部结点的覆盖面积之和与待覆盖区域的面积的比值，记为 ρ。

$$\rho = \frac{N \pi R_s^2}{S}, \rho > 1 \tag{5-7}$$

定义 5-8　等腰三角形 1-重全覆盖部署，由一组感知半径为 R_s 的结点交错放置于长条状矩形区域的两侧，且每相邻的三个结点的中心构成一个等腰三角形，如图 5-8 所示。

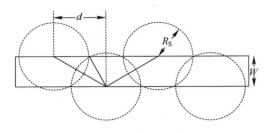

图 5-8　等腰三角形

5.2.3　远程传输主干可靠性保障机制与量化分析

目前物联网远程传输方式包括 GPRS、4G/5G、互联网、卫星通信、微波、北斗卫星短信传输等方式。这些通信方式在成本、传输内容、性能、带宽等方面各有优缺点，在生态物联网监测系统实际部署时，要根据监测区域的实际通信状况来选择两种不同传输方式进行传输，以提高主干传输的可靠性。例如可以采取远程卫星/北斗或远程 GPRS/4G 进行传输。

1. 并联冗余系统的可靠性

并联冗余系统由 n 个部件并联而成，只有当这 n 个部件都失效时系统才失效。图 5-9 表示并联冗余系统的可靠性框图，令第 i 个部件的寿命为 X_i，可靠度为 $R_i(t)$，$i=1,2,\cdots,n$。假定 $X_1,X_2,\cdots,X_n$ 相互独立，则系统的可靠度是

$$R(t) = 1 - \prod_{i=1}^{n} \left[1 - R_i(t) \right]$$

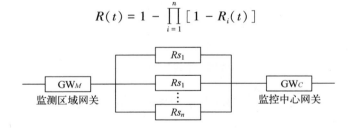

图 5-9　并联冗余系统可靠性框图

当 $R_i(t) = e^{-\lambda_i t}$，$i=1,2,\cdots,n$ 则

$$R(t) = 1 - \prod_{i=1}^{n} \left[1 - e^{-\lambda_i t} \right] \tag{5-8}$$

系统的平均故障间隔时间（mean time between failure，MTBF）为

$$t_{\text{MTBF}} = \sum_{i=1}^{n} \frac{1}{\lambda_i} - \sum_{1 \leqslant i \leqslant j \leqslant n} \frac{1}{\lambda_i + \lambda_j} + \cdots +$$

$$(-1)^{n-1} \frac{1}{\lambda_1 + \lambda_2 + \cdots + \lambda_n} \tag{5-9}$$

当 $n=2$ 且 $R_i(t)=\mathrm{e}^{-\lambda t}$ 并联双冗余时，代入式（5-8）、式（5-9）则有

$$\begin{cases} R(t)_{2-\text{并联}} = 2\mathrm{e}^{-\lambda t} - \mathrm{e}^{-2\lambda t} \\ t_{\text{MTBF2-并联}} = \dfrac{3}{2\lambda} \end{cases}$$

当 $n=3$ 且 $R_i(t)=\mathrm{e}^{-\lambda t}$ 3-并联冗余时，则有

$$\begin{cases} R(t)_{3-\text{并联}} = 3\mathrm{e}^{-\lambda t} - 3\mathrm{e}^{-2\lambda t} + \mathrm{e}^{-3\lambda t} \\ t_{\text{MTBF3-并联}} = \dfrac{11}{6\lambda} \end{cases}$$

2. 表决冗余系统的可靠性

n 中取 k 的表决冗余系统由 n 个部件组成，当 n 个部件中有 k 个或 k 个以上部件正常工作时，系统可正常工作（$1<k<n$）。当失效的部件大于或等于 $n-k+1$ 时，系统失效。图 5-10 为该系统的可靠性框图。假定 $X_1, X_2, \cdots, X_n$ 是这 n 个部件的寿命，它们相互独立，且每个部件的可靠度均为 $R_0(t)$。

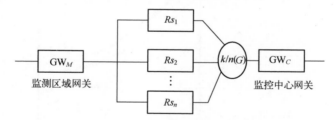

图 5-10　表决冗余系统可靠性框图

若初始时刻所有部件同时开始工作，则系统的可靠度为

$$R(t) = \sum_{j=k}^{n} \binom{n}{j} P\{X_{j+1}, \cdots, X_n \leqslant t \leqslant X_1, \cdots, X_j\}$$

当 $R_0(t) = \mathrm{e}^{-\lambda t}$，则有

$$\begin{cases} R(t) = \displaystyle\sum_{i=k}^{n} \binom{n}{i} \mathrm{e}^{-i\lambda t}(1 - \mathrm{e}^{-\lambda t})^{n-i} \tag{5-10} \\ t_{\text{MTBF}} = \displaystyle\int_0^{\infty} \sum_{i=k}^{n} \binom{n}{i} \mathrm{e}^{-i\lambda t}(1 - \mathrm{e}^{-\lambda t})^{n-i} \mathrm{d}t \end{cases}$$

$$\tag{5-11}$$

$$= \frac{1}{\lambda} \sum_{i=k}^{n} \frac{1}{i}$$

在 $n=3$，$k=2$ 的表决系统中，代入式（5-10）、式（5-11）则

$$\begin{cases} R_{3,2}(t) = 3e^{-2\lambda t} - 2e^{-3\lambda t} \\ t_{\mathrm{MTBF3,2}} = \dfrac{5}{6\lambda} \end{cases}$$

3. 不同冗余系统的可靠性比较

现将以下四种冗余系统进行比较：①1 个单元组成的系统；②两个单元组成的并联系统；③三个单元组成的并联系统；④"3 中取 2"系统，不同冗余系统的可靠度与平均故障间隔时间随故障率 λ 的变化关系如图 5-11、图 5-12 所示。

$$\begin{cases} R(t)_1 = e^{-\lambda t} \\ t_{\mathrm{MTBF1}} = \dfrac{1}{\lambda} \end{cases}$$

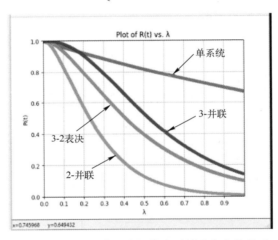

图 5-11　不同冗余系统可靠度随故障率变化关系

由图 5-11 可知，在故障率较低情况下，单系统可靠性较低，但随着故障率的增加，各种系统的可靠性均有所下降，但单系统可靠性较高，其次是 3-并联冗余系统、3-2 表决冗余系统，最后是 2-并联冗余系统。由图 5-12 可知，3-并联冗余系统的平均故障时间间隔 t_{MTBF} 最高，其次是 2-并联冗余系统、单系统，最后是 3-2 表决冗余系统。因此，远程传输主干在充分考虑外界天气、干扰等因素对可靠性的影响，以及各种传输方式各自的优缺点的前提下，在选取时，尽量选择 3-并联冗余的方式，既可以延长平均故障时间间隔，又可以提高物联网远程监测系统主干传输部分的可靠性。

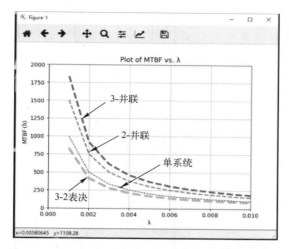

图 5-12 不同冗余系统平均故障间隔时间随故障率变化关系

5.3 生态物联网可靠性评估

近年来，物联网技术在食品安全、公共安全、生态监测、智能交通等领域的应用正在不断深化。与此同时对物联网可靠性的要求也越来越高。

由于物联网系统具有工作环境复杂、网络终端分布广、网络拓扑不固定等特点，在设计、部署和应用等各个阶段都需要考虑系统可靠性的问题。因此，对物联网系统的可靠性进行综合评估非常必要。目前国内外的相关研究刚刚起步，且大多针对物联网的某一领域开展研究，如从网络技术角度分析物联网的可靠性、对 RFID 技术的可靠性研究、对 WSN 链路质量的评估以及对感知层自组网的可靠性评估等，但从系统角度对整个物联网系统的可靠性进行的研究还不多见。

这里提出了一种利用生态物联网相关基础数据对其可靠性进行综合评估的方法。首先基于生态物联网系统的体系结构和可用评估数据建立生态物联网可靠性综合评估模型，并对基础评估数据的获取和评估指标的规范化处理进行论述；然后基于系统可靠性理论和层次分析法设计综合评估算法；最终实现对生态物联网可靠性的综合评估。所实现的评估方法是一种完整全面、易于扩展、有针对性且实际可行的评估方法，为生态物联网的可靠性评估提供了一种新的思路，评估结果可作为生态物联网系统设计、部署和维护时的依据，能够为生态物联网的普及应用提供基础性保障。

5.3.1 构建可靠性综合评估模型

评估模型是进行可靠性评估的基础，在模型中所定义的评估指标是指能够直接或间接得到的用于表述系统的某项特性、特征或属性的信息。此处所建立的评估模型中的评估指标都来源于能够直接获取并可用于可靠性评估的客观数据。按照目前公认的物联网定义，可将一个物联网系统划分为感知层、网络层和应用层三个子系统，其体系结构如图 5-13 所示。

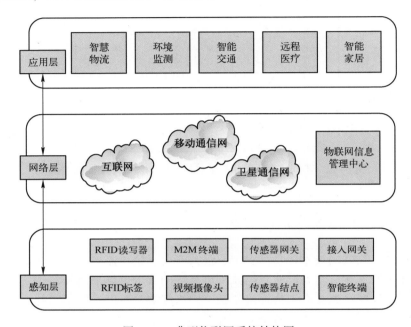

图 5-13　典型物联网系统结构图

1. 建立可靠性综合评估模型

根据物联网系统的体系结构，结合现有的评估指标的获取能力，从可行性的角度构建如图 5-14 所示的生态物联网可靠性综合评估模型。其中，感知可靠性对应物联网的感知层在数据采集和近距离数据传输中的可靠性要求；传输可靠性对应物联网的网络层在远距离数据传输中的可靠性要求；处理可靠性对应物联网的应用层在数据处理及人机交互等环节的可靠性要求。

从图 5-14 中可以看到，通过对物联网系统可靠性综合评估目标的分解，可以得到至少 14 个能够直接获得的评估指标，这些指标都来源于物联网系统的相关数据，作为可靠性综合评估的客观依据。需要说明的是，随着评估范围的不断调整和指标获取能力的不断提高，并结合实际的应用领域，这个评估模型中的底层指标还可以进行扩充，以实现更为全面的可靠性评估，从而确保此评估方法的可扩展性。

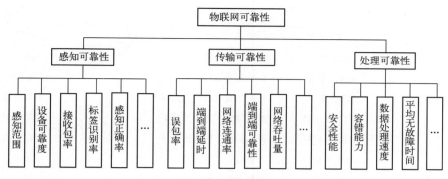

图 5-14　物联网可靠性综合评估模型

2. 基础评估数据的获得

目前在物联网系统中可用于可靠性评估的基础数据主要有四种来源，本节分别称之为厂家参数、现场数据、实验数据和理论数据，代表了不同的数据产生来源。表 5-2 为四种基础评估数据来源的说明。这四类基础数据都是可以直接获得的客观数值，确保了此评估方法的可行性。

表 5-2　基础评估数据来源

序　号	数据来源	获取方式	含　义
1	厂家参数	设备用户手册中的技术参数	反映设备的初始状态
2	现场数据	系统运行时的统计数据	反映设备的现场工作状态
3	实验数据	通过（仿真）实验环境进行测量	反映设备的工作状态，但不易在工作现场获取
4	理论数据	根据理论进行推导计算	反映设备工作状态，但不易在工作现场或通过实验获取

根据对四种数据来源的分类，可以得到在物联网各子系统中可用的具体评估数据。表 5-3 为目前可用的基础评估数据说明。在目前的技术条件下，这些数据基本覆盖了影响物联网系统可靠性的各个方面，确保了此评估方法的完整性。

表 5-3　可用评估数据列表

评估对象	评估数据	数据含义	数据来源
感知可靠性	感知范围	设备的有效覆盖面积占总面积的比例	现场数据
	设备可靠度	设备无故障工作的概率	厂家参数
	接收包率	接收包数量占总发包数量的比例	实验数据
	标签识别率	正确识别标签数量占标签总数量的比例	实验数据
	感知正确率	正确感知数据量占全部感知数据量的比例	实验数据

评估对象	评估数据	数据含义	数据来源
传输可靠性	误包率	数据传输的错误概率	实验数据
	端到端延时	数据传输的时延	实验数据
	网络连通率	所有结点全部连通的概率	实验数据
	端到端可靠性	端到端的正常工作概率	实验数据
	网络吞吐量	网络的最大数据传输量	理论数据
处理可靠性	安全性能	系统安全认证等级	厂家参数
	容错能力	对异常状况的处理能力	厂家参数
	数据处理速度	完成业务处理的速度	厂家参数
	平均无故障时间	现在时刻与下一次失效之间的期望时间	厂家参数

3. 评估指标的规范化处理

通过上述四种来源得到的基础评估数据涉及不同的评估对象，其数据表现形式和可靠性标准也各不相同，需要经过规范化处理之后，才能用作评估指标。数据规范化处理包括同趋势化和无量纲化两个环节。在所涉及的评估指标中，包括正指标（指标值越大越好）和逆指标（指标值越小越好）两类。

根据已有文献的研究结论，这里采用减法一致化式（5-12）来实现逆指标的正向化，采用极差化式（5-13）来实现各指标的无量纲化，从而实现对基础评估数据的规范化处理。

同趋势化（正向化）公式

$$x' = M - x \tag{5-12}$$

式中，M 为指标 x 的一个允许的上界。

无量纲化公式

$$y = \begin{cases} 0 & x' < x'_{min} \\ \dfrac{x' - x'_{min}}{x'_{max} - x'_{min}} & x'_{min} < x' < x'_{max} \\ 1 & x'_{max} < x' \end{cases} \tag{5-13}$$

式中，x'_{min} 和 x'_{max} 分别为 x' 的最小值和最大值。

经过上述规范化处理之后，基础评估数据 x 被表示为取值在 $[0,1]$ 区间内正向递增的值 y，用作评估指标。这些评估指标来源于物联网系统的实际数据，代表了评估者对评估对象的定量的客观认识。

5.3.2 生态物联网可靠性综合评估方法

基于所构建的物联网可靠性评估模型，采用逐层评估的思路，首先分别评估生态物联网各子系统的可靠性，再对物联网系统的可靠性进行综合评估，最后得到一个反映系统整体可靠性的综合评估值。

1. 生态物联网系统可靠性评估

如前所述，生态物联网系统可靠性由感知可靠性、传输可靠性和处理可靠性构成，分别对应构成物联网的三个子系统，即感知层、网络层和应用层。从系统可靠性的角度来分析，构成物联网的各个子系统之间属于串联关系。根据系统可靠性理论[15]，串联系统的整体可靠性计算公式为

$$Re = \prod_i Re_i \tag{5-14}$$

式中，Re_i是各子系统的可靠性评估值，Re是最终求得的物联网系统可靠性综合评估值。

2. 生态物联网子系统可靠性评估

对于生态物联网各子系统的可靠性评估，采用线性评估策略，评估公式为

$$Re_i = \sum_j r_{ij} w_{ij} \tag{5-15}$$

式中，r_{ij}为第 i 个子系统的第 j 个评估指标值，w_{ij}为该评估指标的权值，Re_i是第 i 个子系统的可靠性评估值，反映了该子系统的可靠性。这里，如何合理确定各评估指标的权值是一个重要问题。

对于多因素系统，各评估指标对评估结果的影响权重并不相同，所以需要分别考虑每个评估指标针对其评估对象所占的权值。这里的权值是基于评估者对各评估指标的相对重要程度的一个主观判断。如何科学合理地确定各指标的权值是影响评估结果可信程度的一个关键因素。这里使用 AHP 方法基于专家经验来实现定量的权值分配。通过专家问卷调查来体现评估方法对系统的某些可靠性指标的侧重，体现了本评估方法的针对性。

3. AHP 方法的原理

层次分析法（analytic hierarchy process，AHP），在 20 世纪 70 年代由美国运筹学家托马斯·塞蒂（T. L. Saaty）正式提出。它是一种定性和定量相结合的、系统化、层次化的分析方法，是目前应用最广泛的指标赋权方法。

运用 AHP 方法确定指标权值一般分为 5 个步骤：

① 建立问题的递阶层次结构。将问题中所包含的因素划分为不同的层次，并画出层次结构图表示层次的递阶结构和相邻两层因素的从属关系。

② 构造两两比较判断矩阵。由评价者根据个人观点采用 1~9 标度法对各个因素两两进行关于上一级目标的相对重要性判断。

③ 计算各层指标权重：对判断矩阵的特征向量 W 经过归一化后，其元素即为各因素关于目标的相对重要性的排序权值。

④ 进行 AHP 判断矩阵一致性检验。利用判断矩阵的最大特征值，可求一致

性检验指标 CI 和一致性比率 CR 值。当 CR<0.1 时，认为判断矩阵有满意的一致性，求得的权重可以采用；否则，就需要调整判断矩阵各元素的取值重新进行计算。

⑤ 计算各层指标的组合权重并进行一致性检验。计算某一层次各因素相对上一层次所有因素的相对重要性的排序权值，并进行一致性检验。

4. 权值计算方法

根据判断矩阵计算权值的过程就是求判断矩阵的最大特征根和对应的特征向量。本文采用"和法"求判断矩阵的最大特征根近似值和近似特征向量。设判断矩阵为 m 阶的正互反矩阵 $\boldsymbol{A} = (a_{ij})_{m \times m}$。

① 对矩阵 $\boldsymbol{A}$ 进行列规范化，得到

$$\overline{\boldsymbol{A}} = (\overline{a}_{ij})_{m \times m}, \overline{a}_{ij} = \frac{a_{ij}}{\sum\limits_{i=1}^{m} a_{ij}}, i, j = 1, 2, \cdots, m$$

② 对矩阵 $\overline{\boldsymbol{A}}$ 按行相加，得到

$$\overline{\boldsymbol{W}} = (\overline{w}_1 \quad \overline{w}_2 \quad \cdots \quad \overline{w}_m)^{\mathrm{T}}, \overline{w}_i = \sum\limits_{j=1}^{m} \overline{a}_{ij}, i = 1, 2, \cdots, m$$

③ 对向量 $\overline{\boldsymbol{W}}$ 进行归一化，得到

$$\boldsymbol{W} = (w_1 \quad w_2 \quad \cdots \quad w_m)^{\mathrm{T}}, w_i = \frac{\overline{w}_i}{\sum\limits_{i=1}^{m} \overline{w}_i}, i = 1, 2, \cdots, m$$

向量 $\boldsymbol{W}$ 即为判断矩阵 $\boldsymbol{A}$ 的近似特征向量，也就是各因素关于目标的相对重要性的排序权值。

④ 再利用特征向量求得最大特征根的近似值

$$\lambda_{\max} = \frac{1}{n} \sum\limits_{i=1}^{m} \frac{(\boldsymbol{A}\boldsymbol{W})_i}{w_i}$$

⑤ 判断矩阵的一致性检验方法。判断矩阵是由评估者对各指标采用两两比较法得到的，主观性较大，有可能出现判断不一致的情况。所以，在得出权重向量之后需要进行一致性检验，以验证专家判断的不一致程度。

Saaty 定义了一致性指标 CI 和平均随机一致性指标 RI、随机一致性比率 CR。其中，$CI = \dfrac{\lambda_{\max} - n}{n - 1}$，$CR = \dfrac{CI}{RI}$。表 5-4 为 1~9 阶矩阵的 RI 值。

表 5-4　1~9 阶矩阵的平均随机一致性指标

1	2	3	4	5	6	7	8	9
0	0	0.58	0.90	1.12	1.24	1.32	1.41	1.45

当 CR<0.1 时，则认为不一致性可以被接受，所得到的权重向量可用；若 CR≥0.1，则认为不一致性不能接受，需要修改判断矩阵重新计算权重向量。

5. 物联网可靠性综合评估算法

在建立可靠性评估模型并确定评估方法及各评估指标的赋权方法之后，就可以采用综合评估策略进行可靠性评估，具体的评估算法如图 5-15 所示。

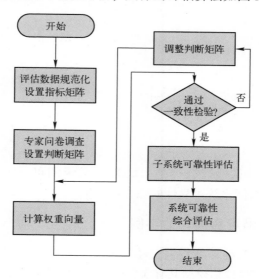

图 5-15　生态物联网可靠性综合评估算法

（1）设置子系统的指标矩阵和判断矩阵。对子系统的可靠性评估数据进行规范化处理，并设置相应的评估指标矩阵 $R = (r_{ij})_{n \times p}$，$i = 1, 2, \cdots, n$；$j = 1, 2, \cdots, p$，$r_{ij} \in [0, 1]$ 表示第 i 个子系统的第 j 个评估指标值。其中 n 是子系统的个数，p 是包含评估指标最多的子系统中评估指标的个数。对于某个子系统中的评估指标数小于 p 的情况，可以令超出实际个数的 r_{ij} 取任意值并在评估过程中忽略此指标，称为无效值（可通过将相应的指标权值设为 0 来实现）。

假设评估模型中共有 n 个子系统，通过专家调查问卷，构造各子系统中评估指标的两两比较判断矩阵 A_k，$k = 1, 2, \cdots, n$。

（2）计算权值向量并进行一致性检验。根据各个判断矩阵 A_k 计算相应的权值向量 W_k，并进行一致性检验。如不满足检验标准，则需对判断矩阵进行调整，并再次计算，直到满足检验标准为止。

（3）进行子系统可靠性评估。将 n 个权值向量 $W_1 \sim W_n$ 扩展为长度为 p 的向量，并组合为权值矩阵 $W = (W_1 \quad W_2 \quad \cdots \quad W_n)^T$，其中 W_i 即第 i 个子系统中各评估指标的权值向量，如果某个子系统中的评估指标数量小于 p，则令超出实际个数之后的权值取 0，这样就意味着在评估过程中会忽略掉相应的评估指标值。

使用式（5-16）的运算进行子系统可靠性评估。取其结果矩阵的主对角线值 e_{ii} 即为各子系统的可靠性评估值 $Re_i(i=1,2,\cdots,n)$。

$$E=RW^{\mathrm{T}}=\begin{pmatrix} r_{11} & \cdots & r_{1j} & \cdots & r_{1p} \\ \vdots & & \vdots & & \vdots \\ r_{i1} & \cdots & r_{ij} & \cdots & r_{ip} \\ \vdots & & \vdots & & \vdots \\ r_{n1} & \cdots & r_{nj} & \cdots & r_{np} \end{pmatrix}\begin{pmatrix} w_{11} & \cdots & w_{1j} & \cdots & w_{1p} \\ \vdots & & \vdots & & \vdots \\ w_{i1} & \cdots & w_{ij} & \cdots & w_{ip} \\ \vdots & & \vdots & & \vdots \\ w_{n1} & \cdots & w_{nj} & \cdots & w_{np} \end{pmatrix}^{\mathrm{T}}$$

$$=\begin{pmatrix} e_{11} & \cdots & e_{1i} & \cdots & e_{1n} \\ \vdots & & \vdots & & \vdots \\ e_{i1} & \cdots & e_{ii} & \cdots & e_{in} \\ \vdots & & \vdots & & \vdots \\ e_{n1} & \cdots & e_{ni} & \cdots & e_{nn} \end{pmatrix}$$

（5-16）

（4）进行系统可靠性综合评估。取各子系统的可靠性评估值 Re_i，按照式（5-14）求得物联网系统可靠性的综合评估值。

5.3.3　生态物联网可靠性评估实例

现在假设有一组基础评估数据，经过规范化处理后得到下面的评估指标矩阵。生态物联网可靠性评估模型共有 3 个子系统，其中包含评估指标最多的个数是 5，即 $n=3$，$p=5$。并假设已获得 3 个所需的判断矩阵，根据前述的评估算法，有如下的评估过程。

1）设置评估指标矩阵

$$R=\begin{pmatrix} 0.90 & 0.92 & 0.95 & 0.91 & 0.93 \\ 0.96 & 0.82 & 0.85 & 0.90 & 0.86 \\ 0.93 & 0.95 & 0.90 & 0.96 & 1 \end{pmatrix}$$

评估指标矩阵中取值为 1 的元素即为无效值，在评估过程中会被忽略。

2）计算评估指标权值

此处给出由第 1 个判断矩阵求得相应权值向量的计算过程。

$$A_1=\begin{pmatrix} 1 & 1/3 & 1/3 & 1/5 & 1/5 \\ 3 & 1 & 1/2 & 1/3 & 1/3 \\ 3 & 2 & 1 & 1/3 & 1/3 \\ 5 & 3 & 3 & 1 & 1 \\ 5 & 3 & 3 & 1 & 1 \end{pmatrix}$$

有判断矩阵，按照前述的权值计算方法，求得相应的权值向量为 $W_1=$ $(0.055\quad 0.116\quad 0.150\quad 0.339\quad 0.339)^{\mathrm{T}}$，再求得 $\lambda_{\max}=5.116$，按照前述一致性

检验方法，查表 5-4 可知 $CR = 0.026 < 0.1$，符合一致性要求，故此权值向量可用。其他判断矩阵也使用相同的计算方法，共求得 3 个权值向量 $W_1 \sim W_3$。用 $W_1 \sim W_3$ 扩展组合得到评估权值矩阵

$$W = \begin{pmatrix} 0.055 & 0.116 & 0.150 & 0.339 & 0.339 \\ 0.131 & 0.044 & 0.491 & 0.241 & 0.093 \\ 0.241 & 0.154 & 0.086 & 0.518 & 0 \end{pmatrix}$$

其中取值为 0 的元素即为无效值对应的权值。

3）生态物联网子系统可靠性评估

利用式（5-16）使用 R 和 W 进行子系统可靠性评估，求得的结果矩阵中主对角线各元素即为各子系统的可靠性评估值

$$E = RW^{\mathrm{T}} = \begin{pmatrix} 0.923 & 0.931 & 0.913 \\ 0.873 & 0.876 & 0.898 \\ 0.962 & 0.771 & 0.946 \end{pmatrix}$$

即 $Re_1 = 0.923$，$Re_2 = 0.876$，$Re_3 = 0.946$ 分别为物联网系统的感知可靠性、传输可靠性和处理可靠性的评估值。

4）生态物联网系统可靠性综合评估

利用式（5-14）进行生态物联网系统可靠性综合评估，得到综合评估值 0.765。这个评估结果可作为生态物联网系统可靠性的一个量化判断，进而作为物联网设计、部署和维护时的决策依据。

这里所提出的生态物联网可靠性综合评估方法，在分析评估数据来源的基础上，针对物联网体系结构，获取目前可用的各类评估指标，并使用 AHP 方法确定各指标的权值，结合定量数据和定性判断，基于系统可靠性理论，对物联网可靠性进行综合评估。此评估方法具有可扩展性、可行性、完整性和针对性，评估结论规范，为物联网系统的可靠性评估提供了量化依据。

第 6 章　生态监测数据分析应用的开发

6.1　数据有效性审核系统

为了保障生态物联网监测数据的可信可靠，开发实现了数据有效性审核系统。该系统的主要特点有以下几个方面。

（1）数据审核可追溯。对每一次数据审核进行记录，若有对已审核数据产生疑问的情况，可进行追溯和定位。

（2）智能分析。提供数据的趋势分析，从区域分析对比、各站点对比以及从各参数异常个数所占比例等多个方面进行统计分析。另外在数据审核阶段，对异常数据进行智能预测，作为异常数据修改的一个选择。智能分析功能帮助审核人员快速进行站点排名，为运维管理人员提供维护参考，加强了数据真实性和有效性的监管保障。

（3）在线预警。按照预设的异常数据审核标准，在最新的小时数据来到时，对数据进行自动审核，之后将自动审核的结果在线预警。为审核人员提供及时准确的数据审核，克服常规人工审核难以发现异常数据的情况，提高了管理效率。

（4）筛选条件可预设。系统按照大数据分析理论指导，确定筛选条件，并结合实际管理需求，对筛选条件进行预设并提供灵活多样的修改功能。

6.1.1　系统主要功能

数据有效性审核系统实现的主要功能包括：异常数据的实时预报警、数据的人工审核和修约、审核后数据的查看、数据的可视化展示和系统设置等。

1. 异常数据的实时预报警

系统提供对异常数据实时预报警的功能。每当监测数据进入系统，系统会自动检测是否有异常数据，并且将所有异常数据显示到异常数据实时预报警页面，供工作人员查看。如图 6-1 所示。

图 6-1　异常数据实时预报警

2. 数据的人工审核

系统提供对一个或多个站点、某一时间段、一个或多个参数、自动审核有异常、自动审核无异常或全部数据，进行人工审核和修约功能。

审核界面中默认显示某一监测站点前一天的全部数据，用户可以在左侧窗口选择一个或多个站点，在右侧窗口中选择起始时间和结束时间，在列表框中选择异常类型，选择审核参数，选择审核数据类型后，单击"查询"按钮，表格中显示符合条件的全部数据，如图 6-2 所示。

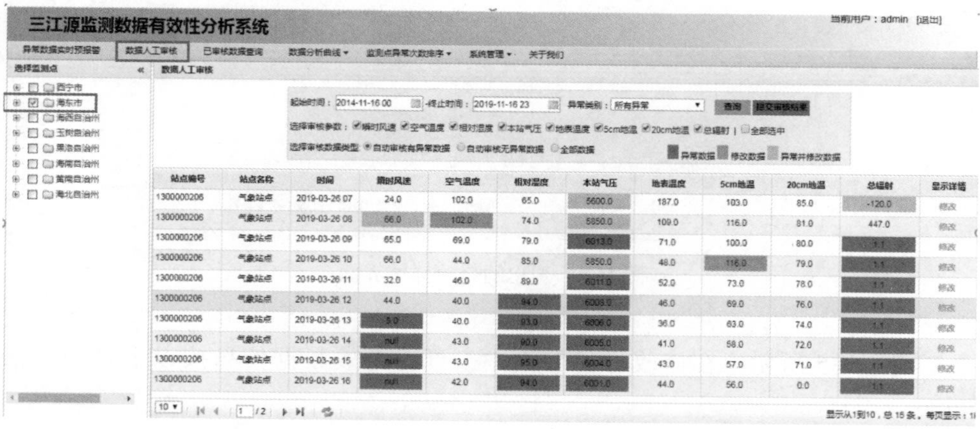

图 6-2　数据人工审核界面

若数据审核人员认定某一条数据无效，则系统提供对无效数据的修约功能。单击表格区的"修改"链接，打开如图 6-3 修改界面，该界面显示全部的待修改参数名、参数值、异常标准、异常类型和异常详情。若修改某一参数的值，单击对应位置的"✐"链接，打开图 6-4 的修改详情界面。

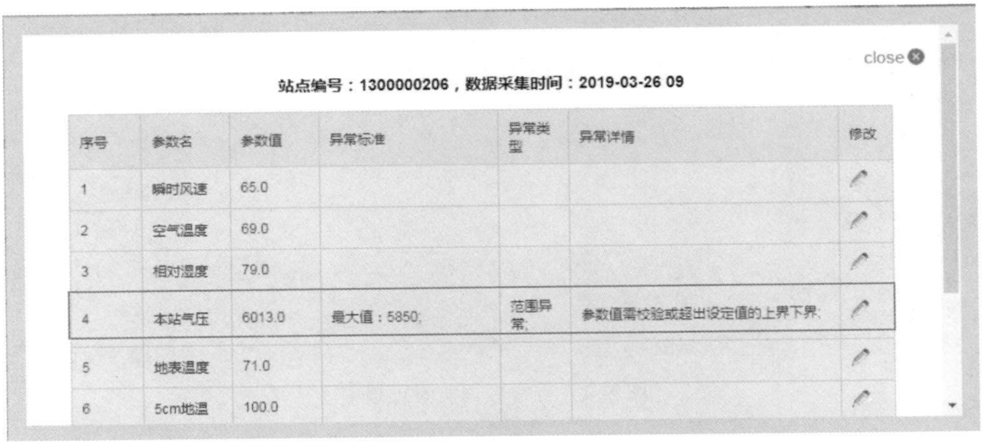

站点编号：1300000206，数据采集时间：2019-03-26 09

序号	参数名	参数值	异常标准	异常类型	异常详情	修改
1	瞬时风速	65.0				✐
2	空气温度	69.0				✐
3	相对湿度	79.0				✐
4	本站气压	6013.0	最大值：5850；	范围异常；	参数值需校验或超出设定值的上界下界；	✐
5	地表温度	71.0				✐
6	5cm地温	100.0				✐

图 6-3　修改界面

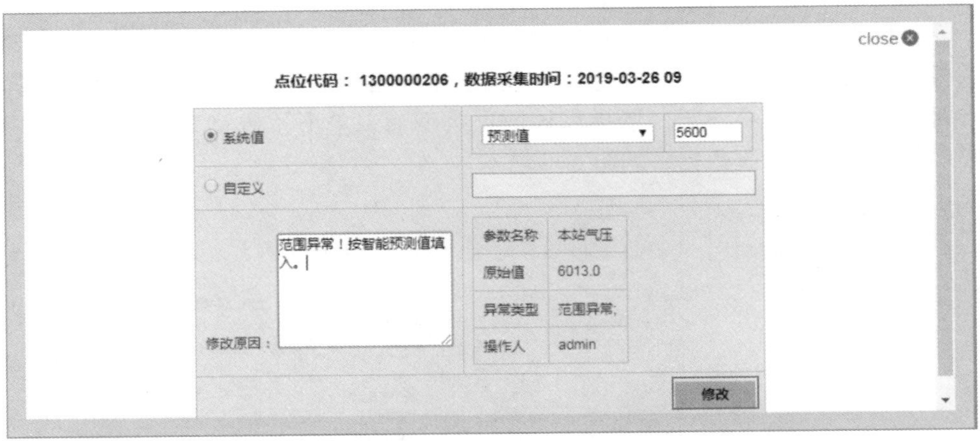

点位代码：1300000206，数据采集时间：2019-03-26 09

图 6-4　弹出的修改详情界面

　　如图 6-5 所示，在修改详情界面中，可对无效数据信息按以下修约方法修改：

① 当天小时的最大值。

② 本季度最大值。

③ 全年最大值。

④ 区域最大值。

图 6-5　无效数据信息修约方法

⑤ 智能预测值。

也可以直接按自定义手动修改。

系统提供修改原因说明。修改完成后单击"修改"按钮，放弃修改单击"close"按钮。

3. 提交审核后的数据

在数据人工审核界面，单击"提交审核结果"，则将当前页面的审核结果提交到数据库，如图 6-6、图 6-7 所示。

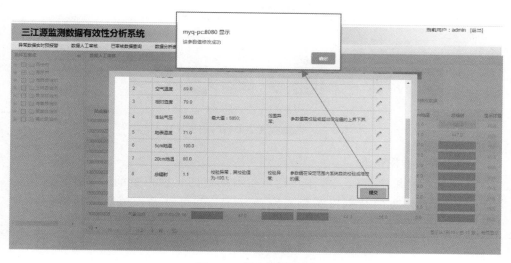

图 6-6　提交修改结果

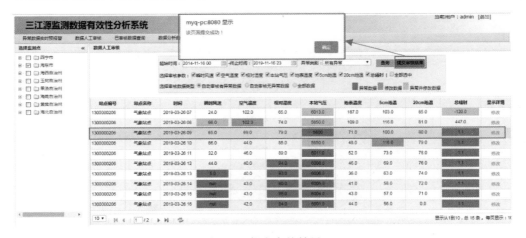

图 6-7　提交审核结果

提交审核结果成功后，修约过的异常数据用黄色标注显示，修改过的非异常数据用绿色标注显示，如图 6-8 所示。

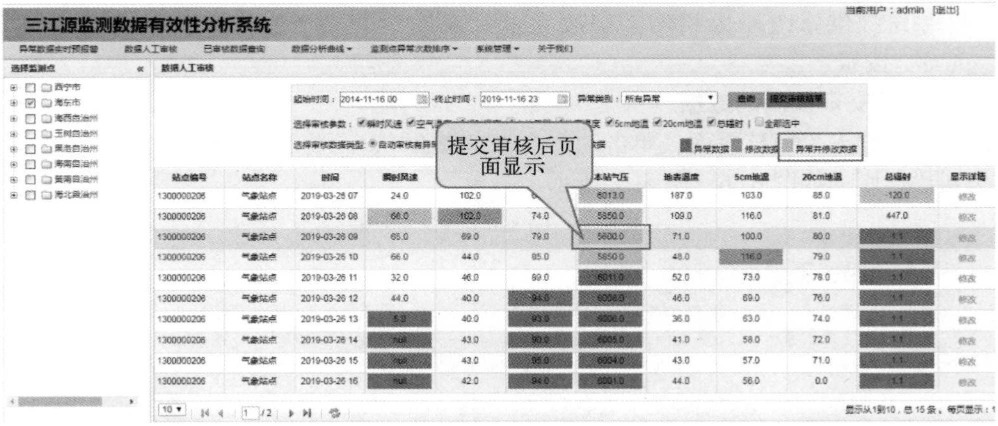

图 6-8　提交审核结果后的数据显示

4. 已审核数据查询

人工审核结果提交后，可在"已审核数据查询"窗口查询追溯任何改动过的数据。所有修改的数据以黄色或绿色显示，并可查看到该数据所有的修改情况。

系统提供按"修改数据""未修改数据""全部数据"来过滤查询条件，如图 6-9 所示。

单击表格区的"查看"按钮，可以对修改情况进行回溯，如图 6-10 所示。

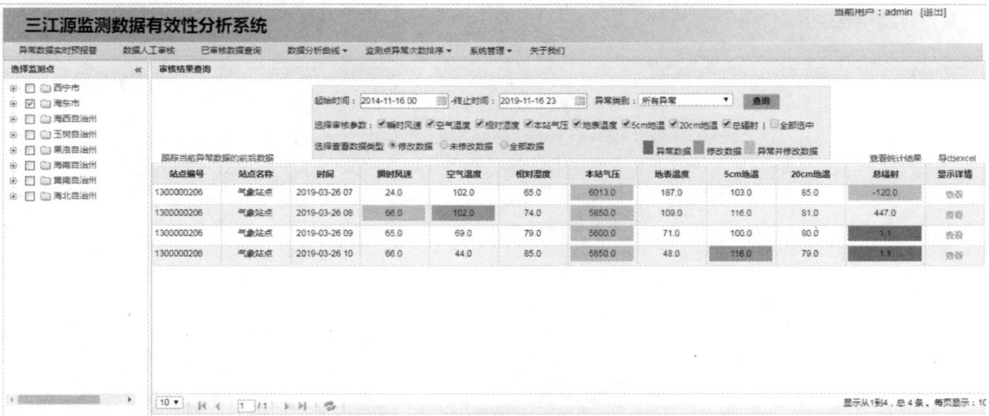

图 6-9　已审核数据的查询

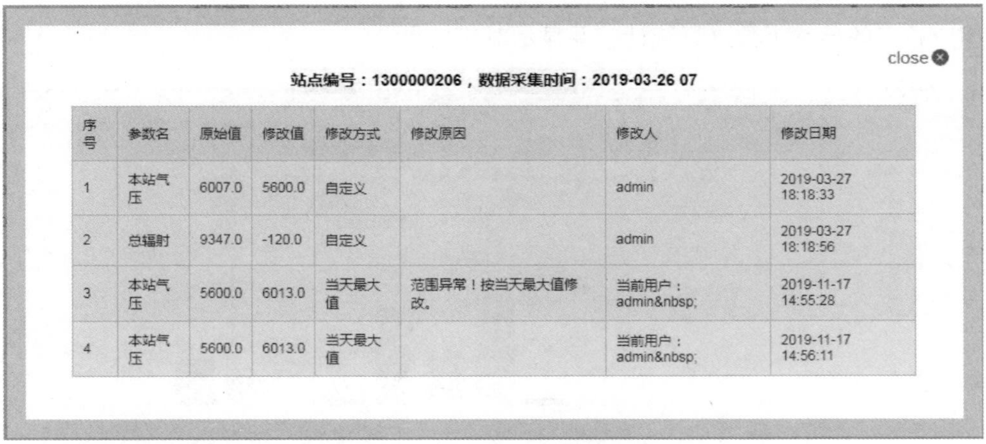
close

站点编号：1300000206，数据采集时间：2019-03-26 07

序号	参数名	原始值	修改值	修改方式	修改原因	修改人	修改日期
1	本站气压	6007.0	5600.0	自定义		admin	2019-03-27 18:18:33
2	总辐射	9347.0	-120.0	自定义		admin	2019-03-27 18:18:56
3	本站气压	5600.0	6013.0	当天最大值	范围异常！按当天最大值修改。	当前用户：admin	2019-11-17 14:55:28
4	本站气压	5600.0	6013.0	当天最大值		当前用户：admin	2019-11-17 14:56:11

图 6-10　数据修改的回溯

5. 区域对比曲线

系统提供对任一站点，任意时间段、任一参数的区域对比曲线，如图 6-11 所示。这里的关联区域即为相邻结点，相邻结点的设定可在系统管理的相邻结点设置中完成。

6. 各站点对比分析

将各个监测点的不同参数的异常个数进行统计，并按柱状图进行展示，如图 6-12 所示。

在左侧树级省市结构中选取要对比的站点，之后在时间区段中选择要统计的时间段，在参数列表中选择对比参数，最后按“确认”按钮，系统将该时间段

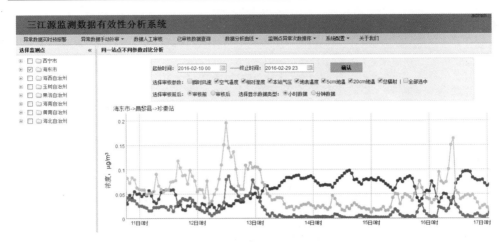

图 6-11　区域对比曲线

相应站点的异常个数进行统计，并显示对比结果。

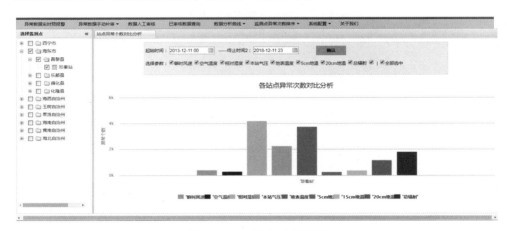

图 6-12　各站点对比分析

7. 各参数异常个数所占比例

将某些站点、有一时间段的异常个数进行统计，以饼图方式展示统计结果，如图 6-13 所示。

8. 参数设置

系统提供对异常参数的修改，包括不变异常值、偏差异常中的高临界值和低临界值的修改，还提供瞬时风速、空气温度、相对湿度、本站气压、地表温度、5 cm 地温、20 cm 地温、总辐射共 8 个参数的无效范围值、校验范围值、校验值和最大值进行修改的功能，如图 6-14、图 6-15 所示。

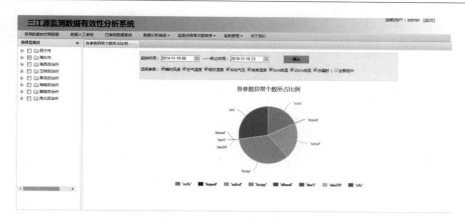

图 6-13　异常个数所占比例

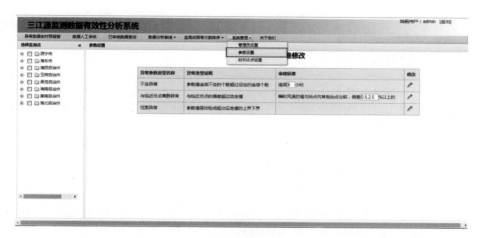

图 6-14　参数设置 1

图 6-15　参数设置 2

9. 相邻结点设置

系统提供对各监测站点及其相邻结点的新增、修改及删除功能，如图 6-16 所示。

图 6-16　相邻结点设置

6.1.2　关键开发技术

1. 基于 LigerUI 框架实现分页

使用 ligerUI 设计数据表格界面，需要使用数据库分页的方法。程序执行的流程如下。

（1）对于整个结构，显示设置初始参数（显示的结点、时间等）。

（2）在浏览器访问 ECheck. action。

（3）之后显示左侧监测站点的树状结构。

（4）同时显示右侧页面的表格，通过调用 ECheck. js 里的函数向后台发送异步请求，从而获取数据库中满足条件的数据。

ECheck. jsp 收集参数信息，并进行结果显示。将当前页面 ECheck. jsp 收集到的信息在 ECheck. action 中接收，但不在页面显示数据，仅放到 session 里，拿到参数后，在 ligerUI 中提交到一个 jsp 里，进行分页处理。

当首次登录"数据审核"页面时，要做以下几点。

（1）收集参数。ECheck. jsp 本身的 Form 表单已经完成。

（2）参数合法性判断。使用 ECheck. js 中的 tjbd( )方法进行这项判断，该方法通过单击"审核"按钮调用执行。

（3）将获得的参数信息保存到 session 里，这项操作由 Struts 的 ECheck. action 中的 getECheck( )方法完成。

（4）测试时传给一个 jsp 时可以得到 page 和 pagesize 值（1,10），因此尝试传给一个新的 servlet，该 servlet 从 session 中得到参数 qp，获得 ligerUI 的 page 和 pagesize，在查询数据库后返回结果，并重定向到 GridData. jsp。

（5）获得 page 和 pagesize 成功。

2. 实时数据审核和异常预警的设计

当新的审核数据到来时，不论 Web 端在不在实时审核与预警界面，都要调用后台处理程序，实现实时审核与预警的功能。因此需要在后台设计完成一个实时处理的功能，在实时审核与预警的 Web 端仅是显示打开界面时的处理结果。在获取审核数据时，若审核数据不存在时，还要具有处理循环等待的功能。

若实现该功能，有如下几种方案。

（1）在数据库里面写个触发器，当数据被修改时，使用触发器在另外一张数据表中插入一条记录，然后定时发送 AJAX 请求查询数据有无变化，有变化就更新。

（2）数据库更新数据时，同时更新一张通知表，前端定时请求通知表，有数据变化就更新 Web 端的展现数据。

（3）建立 websocket，使用 java 端更新数据库时，同时主动向 Web 前端推送消息。

经过分析，最终决定采用 websocket 技术。

使用 websocket 要求安装 Tomcat 7 及以上版本，因此将开发和运行环境更新到 JDK1.7、Tomcat 7 和 MyEclipse 2014。

分析功能，设计步骤如下。

第一步：第一次进入该页面，从 yichang 表中读取最新的异常数据；

第二步：若在 RuntimeECheck. jsp 中收到服务器的推送消息，之后从 yichang 表中读取最新的异常数据。

在 websocket 服务器端：

（1）需要定义 ServerSocket，客户端可根据该 Socket 中定义的@ ServerEndpoint（"/modifywebsocket"）找到该 socket。

（2）在服务器端有 onOpen 方法、onClose 方法、onError 方法和 onMessage 方法，分别在连接建立、连接关闭、发生错误和收到客户端消息后触发。

（3）这里再定义一个 sendMessage 方法，可以在需要向客户端传送数据的时候触发。

在 websocket 客户端：

（1）客户端要根据服务器端提供的@ 地址，找到服务器端。

（2）客户端也有一些回调方法，如 onopen、onclose、onerror 和 onmessage，都是对应事件发生时被回调的方法。

RuntimeYiChang 类是一个线程类，该类中的 run 方法定义一个 while 循环，只要不结束 Tomcat，该 while 循环会一直得到当前时间，之后调用 runtimeCheckMain（year，month，day，time）方法完成异常的实时审核与预警。

RuntimeYiChang 类中的 runtimeCheckMain 是一个数据异常实时预警的主方

法，分成以下几步完成：

（1）查看 ftp 目录下是否存在对应的 excelFile 文件，若 excelFile 文件不存在，且没有超时，则等待。

（2）如果文件存在，则首先调用 putIntoSource（excelFile）方法将新得到的数据写入原始表 sourcedata。然后调用 yiChangPanduan（year，month，day，time）方法做异常的判断，并将异常数据写入异常表 yichang 里。然后做下一步。如果等待的时间超时，则做下一步。

（3）处理完成实时数据的读取并写入 yichang 表后，延迟一段时间，调用 ServerSocket（ModifyWebSocket）中的 sendMessage 方法发送消息给客户端（RuntimeEcheck. jsp），客户端收到消息后刷新页面，得到实时处理结果。

（4）若有异常，进行异常短信的发送。

3. 基于 AJAX 实现区域结点的动态显示

AJAX（asynchronous Javascript and XML，异步 JavaScript 和 XML）是一种创建交互式网页应用的网页开发技术。这里的异步可以理解为网页的异步更新，即在不重新加载整个网页的情况下，对网页的部分内容进行更新。传统的网页如果需要更新内容，必须重载整个页面。AJAX 采用异步交互技术，可以只向服务器发送并取回必需的数据，而不是整个页面。

AJAX 缩短了服务器的响应时间，减少了用户的等待时间，是 Web 应用开发中的一个重要技术。AJAX 的关键技术是 JavaScript 的 XMLHttpRequest 对象，通过此对象进行异步数据读取。

按照实现 tree 的逻辑，来显示区域结点。该显示仅在 Compare. jsp 页面完成。

注意：因为 Compare. jsp 是一个子页面，所以不能将 js（ligerCheckBoxList. js）导入声明放在该页面中，而是集中放到了 top 里面。

按照实现 tree 和 grid 的逻辑，分成下面几步来做：

（1）在 compare. jsp 页面中添加 url 属性。

    url:'AreasData. action',

（2）在 strusts. xml 文件中添加 action。

```
<action name = " AreasData"  class = " hebkq. action. ECheckAction"    method = " getAreas-
Data" >
            <result name = " success" >/AreasData. jsp</result>
</action>
```

修改成独立的 Action 处理，该 Action 后台处理参见现有的处理逻辑，实现了首次登录界面时，动态显示默认站点的关联结点。

（3）当单击某个结点时，动态显示关联结点。

4. 基于 Dygraphs 实现各种分析曲线

设计步骤如下：

（1）添加曲线 div。

（2）添加 js 中的函数。

（3）当访问参数对比曲线页面时，需要从页面收集如下数据：

① 时间段。

② 一个或多个生态监测参数：利用 QueryParameter 类的对象 qp 获得时间和生态监测参数。

（4）定义参数对比曲线页面返回的数据格式。

若是根据参数选择，其数据格式如下：

　　　时间,参数 1,参数 2…

（5）当访问区域对比曲线页面时，需要从页面收集如下数据：

① 时间段。

② 某一个生态监测参数。

③ 一个或多个关联站点名称。

（6）定义区域对比曲线页面返回的数据格式。

　　　时间,站点 1,站点 2…

（7）使用 AJAX 解决生成的 csv 数据延迟问题。

6.2　生态监测数据分析系统

生态监测数据分析系统采用 Web 应用的形式实现。这种形式的应用可以通过互联网在任意位置进行访问，并且基于浏览器使用各种功能，对用户终端没有其他应用的安装和配置需要，同时易于扩展到各类智能移动终端，便于扩大应用的访问途径。系统整体结构基于 Web 应用开发的三层架构，总体结构如图 6-17

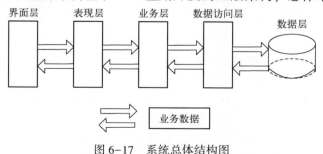

图 6-17　系统总体结构图

所示。系统开发主要包括服务器端开发、浏览器端开发、服务器与浏览器协同开发以及数据库开发。

在应用开发中，服务器端开发包括表现层、业务层及数据访问层的功能实现，主要基于一个富客户端开发框架 Click 实现，浏览器端开发重点是基于JQuery 和 amcharts 实现图表展示的各种形式及客户端相关功能。

6.2.1　服务器端功能

1. Click 的使用

Click 是一种 JavaEE Web 应用框架，为开发者提供了一个富客户端的编程模型。Click 是基于 MVC 模式，使用 ClickServlet 作为请求分发器，为每个请求创建一个 Page 对象进行处理，然后调用 Velocity 模板来展示处理结果作为响应。

ClickIDE 是一个 Eclipse 插件，用于开发基于 Click 框架的 Web 应用。

通过在 web. xml 中配置 ClickServlet 作为 Controller，而 View 和 Model 使用Page 创建向导来同时生成。

使用 ClickIDE 开发基于 Click 的 web 应用的基本开发步骤如下：

（1）新建一个"Dynamic Web Project"，然后添加 Project Facets：Click。会自动添加 Click 相关的 Jar 文件、web. xml 及 click. xml。

（2）ClickIDE 提供了一个专门的 click. xml 配置文件编辑器，默认使用的字符集是 UTF-8。

（3）ClickIDE 还提供了一个 Page 创建向导。

选择新建 Click Page，在向导对话框中设置 page 页面名，Page 类名会自动产生，并选中"向 click. xml 中添加映射"，就同时创建出了一个页面的 View 和 Model。

在 page 页面中，可以使用 Velocity 和普通的 HTML，Page 类则继承自 Page并在其中实现 Model 功能。

配置文件 web. xml 中主要配置 clickServlet 和 TypeConverterClass、ConfigServiceClass（后二者如果需要才配置）。

配置文件 click. xml 是 click 程序的核心，用于指定以下内容。

① 字符集和地区。

② 页面模板和 Page 类的对应关系。

③ 参数绑定模式：default, annotation, none。

④ 头部信息（公共的和页面的）。

⑤ format 类名，默认是 org. apache. click. util. Format，可以在 Velocity 模板中用$format 来引用该对象。可配置为自定义类。

⑥ 程序模式（定义程序的日志和缓存模式）：production, profile, development, debug, trace（在后三种模式下启用页面自动加载功能）。

⑦ Control 定义可以在程序启动时即部署的控件。

（4）自动发布的文件。Click 会把预先配置的资源文件（如模板、样式表文件等）自动发布到 Click 目录中。

Click 自己提供了四个文件：error. htm, control. css, control. js, not-found. htm。这四个文件也可以自己编写，来覆盖原始的文件。

2. Velocity 的使用

Velocity 是基于 Java 的模板引擎。它允许 Web 页面开发者引用 Java 代码中定义的方法。Web 设计者可以和 Java 程序开发者并行开发遵循 MVC 模式的 Web 站点。这意味着，Web 设计者可以将精力放在好的 Web 站点设计上，而 Java 程序开发者可以将精力放在编写代码上。Velocity 将 Java 代码从 Web 页面中分离，使 Web 站点更具长期可维护性，并提供了一种替代 JSP 或 PHP 的方案。

VTL（velocity template language）提供一种简单、容易和干净的方法将动态内容合并到 Web 页面。VTL 使用引用（references）将动态内容插入到 Web 页面中。变量是一种引用，可以指向 Java 代码中的定义内容，或者由 Web 页面中的 VTL 语句来获得值。

例如，这是一个可以插入到 HTML 文档的 VTL 语句的例子：#set($a = " Velocity")。

VTL 语句以#开头，并包含指令（set）。变量以$开头，用引号引起。引号可以是单引号，也可以是双引号。前者引用具体的 String 值；后者可以包含 Velocity 引用，例如 "hello, $name"，$name 会用其当前的值替换。上面的例子是将值 Velocity 赋值给变量 a。

指令（Directives）引用允许模板设计者为 Web 站点生成动态内容，而指令使巧妙处理 Java 代码的脚本元素容易使用。

3. 主要配置文件

下面是服务器端的两个主要配置文件：click 框架的核心配置文件 click. xml 和 Java web 应用的核心配置文件 web. xml。

click. xml

```
<?xml version = " 1. 0" encoding = " UTF-8" ? >

<!DOCTYPE click-app PUBLIC
"-//Apache Software Foundation//DTD Click Configuration 2. 2//EN"
" http://click. apache. org/dtds/click-2. 3. dtd" >

<click-appcharset = " GBK" >
```

```xml
<pages package="" autobinding="annotation">
    <page path="front/main.htm" classname="sjy.iot.pages.Main"></page>
    <page path="front/realtime.htm" classname="sjy.iot.pages.Realtime"></page>
    <page path="back/baseM.htm" classname="sjy.iot.pages.BaseM"></page>
    <page path="front/video.htm" classname="sjy.iot.pages.Video"></page>
    <page path="front/dataTable.htm" classname="sjy.iot.pages.DataTable">
</page>
    <page path="front/history.htm" classname="sjy.iot.pages.History"></page>
    <page path="front/dataGraph.htm" classname="sjy.iot.pages.DataGraph">
</page>
    <page path="click/not-found.htm" classname="sjy.iot.pages.BorderNotExist">
</page>
    <page path="front/alarm.htm" classname="sjy.iot.pages.Alarm"></page>
    <page path="back/areaInfo.htm" classname="sjy.iot.pages.AreaInfo">
</page>
    <page path="back/nodeInfo.htm" classname="sjy.iot.pages.NodeInfo">
</page>
    <page path="back/valueType.htm" classname="sjy.iot.pages.ValueType">
</page>
    <page path="back/sysPara.htm" classname="sjy.iot.pages.SysPara">
</page>
    <page path="back/cyclePara.htm" classname="sjy.iot.pages.CyclePara">
</page>
    <page path="back/alarmSet.htm" classname="sjy.iot.pages.AlarmSet">
</page>
    <page path="back/moniPara.htm" classname="sjy.iot.pages.MoniPara">
</page>
</pages>
    <mode value="profile" />
</click-app>
```

web.xml

```xml
<?xml version="1.0" encoding="UTF-8"?>
<web-app xmlns:xsi="http://www.w3.org/2001/XMLSchema-instance" xmlns="http://java.sun.com/xml/ns/javaee" xmlns:web="http://java.sun.com/xml/ns/javaee/web-app_2_5.xsd" xsi:schemaLocation="http://java.sun.com/xml/ns/javaee http://java.sun.com/xml/ns/javaee/web-app_3_0.xsd" id="WebApp_ID" version="3.0">
    <display-name>sjystwlw</display-name>
```

```
<servlet>
   <servlet-name>ClickServlet</servlet-name>
   <servlet-class>org. apache. click. ClickServlet</servlet-class>
   <load-on-startup>1</load-on-startup>
</servlet>
<servlet-mapping>
   <servlet-name>ClickServlet</servlet-name>
   <url-pattern> * . htm</url-pattern>
</servlet-mapping>
<welcome-file-list>
   <welcome-file>index. jsp</welcome-file>
</welcome-file-list>

<servlet>
   <servlet-name>auth</servlet-name>
      <servlet-class>logUtil. AuthenServlet</servlet-class>
   <init-param>
       <param-name>userName</param-name>
       <param-value>admin</param-value>
   </init-param>
   <init-param>
       <param-name>password</param-name>
       <param-value>admin</param-value>
   </init-param>
</servlet>
<servlet-mapping>
   <servlet-name>auth</servlet-name>
   <url-pattern>/back/authen</url-pattern>
</servlet-mapping>
   <filter>
       <filter-name>authenFilter</filter-name>
       <filter-class>logUtil. AuthenFilter</filter-class>
   </filter>
   <filter-mapping>
       <filter-name>authenFilter</filter-name>
       <url-pattern>/back/ * </url-pattern>
   </filter-mapping>
</web-app>
```

6.2.2　浏览器端开发

浏览器端开发主要包括各类统计图表功能的实现和通过鼠标拖动实现图标定位的功能。其中，统计图表功能的开发涉及图表的生成与图表数据的传递，这里选择 Javascript amchart 开发包来实现图表的生成，所需的图表数据则由服务器端根据图表需要产生之后，使用页面中的隐形表格作为传递数据的中介，在浏览器端利用 JQuery 技术直接获取表格中的数据并组织成图表所需要的格式。图标定位功能的开发则主要涉及图标位置的确定和保存，同样是基于 JQuery 技术实现。

1. jQuery 的使用

jQuery 是一个优秀的开源 JavaScript 框架，高效、精简且功能丰富，不但易于使用，而且兼容各种浏览器，让 HTML 文档遍历与操作、事件处理、动画及 Ajax 操作等功能的实现都变得更加简单。它的出现极大地简化了 JavaScript 编程。下面是它的几个主要特点。

1）功能强大的选择符

jQuery 可以使用 CSS 样式选择符来实现从 HTML 页面里获取元素并对其进行操作。在 DOM 中选择元素使用工厂函数 $( ) 来实现。CSS 中的各种样式选择符都可以被放在其中用于选择对应的 DOM 对象，如标记选择符、ID 选择符、类选择符，以及用它们构成的各种复合选择符。

2）结构优雅的事件处理

传统的 JavaScript 编程方式是将执行的功能定义为事件处理函数，然后通过为标记设置特定属性值来连接事件发生者与事件处理函数。这种实现方式把网页的行为与定义网页结构的标记混杂在一起，不符合解耦的编程原则。

jQuery 提供了一种结构优雅的事件绑定机制。可以利用 ID 选择符在选定操作对象之后，直接调用它的 click( ) 方法，并将匿名函数 function( )｛……｝作为参数。这样就可以把匿名函数中定义的事件处理功能与 DOM 对象绑定，不再需要到 HTML 标记中进行设定，很好地实现了行为与标记的分离。

3）封装良好的 AJAX 支持

由于不同的浏览器对 XMLHttpRequest 对象实现的不一致性，导致基于 AJAX 技术实现的功能需要在兼容性上做出一些额外的考虑。jQuery 对 AJAX 做了良好的封装，使得开发变得更加容易。

jQuery 对象就是通过 jQuery($( )) 包装 dom 对象后产生的对象，是 jQuery 所独有的。如果一个对象是 jQuery 对象，那么它就可以使用 jQuery 中的方法；jQuery 对象无法使用 dom 对象的任何方法，同样 dom 对象也不能使用 jQuery 中的任何方法。

约定：如果返回的是 jQuery 对象，那么要在变量前面加 $。

> Var $variable = jQuery 对象
> Var variable = dom 对象

① Dom 对象转换成 jQuery。对于一个 dom 对象，只需要用$( )把 dom 对象包装起来（jQuery 对象就是通过 jQuery 包装 dom 对象后生成的对象），就可以获得一个 jQuery 对象。

> Var cr = document. getElmentById("cr")
> Var $cr = $(cr)

转换后就可以使用 jQuery 中的方法了。

② jQuery 对象转化成 dom 对象。jQuery 对象不能使用 dom 中的方法，但是如果 jQuery 没有封装想要的方法，不得不使用 dom 对象的时候，有以下两种方法。

- jQuery 对象是一个数组对象，可以通过［index］的方法得到对应的 dom 对象。

> Var $cr = $("#cr") ;
> Var cr = $cr[0] ;

- 用 jQuery 中的 get(index)方法得到相应的 dom 对象。

> Var $cr = $("#cr") ;
> Var cr = $cr. get(0) ;

2. amchart 的使用

为了在网页中直观形象地表示数据统计分析的结果，需要使用各种统计图表来进行展示。系统采用 amcharts 组件来实现这一功能。

amcharts 是一个专门用于显示各类图表的高级图表库，支持柱状图、曲线图、饼图、散点图等各类常用的图表形式。同时，它不需要任何第三方组件的支持，是一个完全独立的组件库。amcharts 基于 JavaScript 实现，具有以下特点：

① 支持各种图表形式。

② 支持各种主流浏览器，图表基于包括 Firefox，Chrome，Safari，Opera 以及 Internet Explorer（9.0 版以上）等浏览器，所生成的图表也可以运行在移动设备上。

③ 对序列图表支持完善，并支持日期型数据，能够以任意格式显示日期。并且支持多个数值轴，包括对数轴。而且可以增加趋势线。

④ 能够随意放大、缩小和拖动图表。

⑤ 图表可输出为图片或 pdf 文件，无须任何服务器端代码（IE 需要版本 10 以上，其他浏览器各种版本均可）。

⑥ 支持使用 JavaScript API 和 JSON 对象两种方式创建图表。使用 JSON 对象

创建图表时，可以将所有的配置信息作为参数传递给一个方法。有交互功能的复杂图表可以使用 JavaScript API 来创建。

⑦ 丰富的预设主题，并可以在这些预设主题的基础上进行调整，得到自己的主题。另外，还特别提供了一种手绘效果的图表主题，并且可以经过微调，获得更强的效果。

⑧ 动态图表，通过编码可以实现基于运行中不断改变的数据生成的动态图表，并展示其变化过程。

使用 amcharts 实现图表显示功能的主要步骤如下。

（1）下载并解压 amcharts 开发包，将开发包中的"amcharts\"文件夹复制到工作路径中。

（2）创建一个 html 文件，并写入如下代码：

```html
<body>
    <div id="chartdiv" style="width: 640px; height: 400px;"></div>
</body>
```

这个名为 chartdiv 的 div，就是用来放置要创建的图表的容器。

（3）在网页的<head>部分，需要引用一下 amcharts 的代码库，写入如下代码：

```html
<script src="amcharts/amcharts.js" type="text/javascript"></script>
<script src="amcharts/serial.js" type="text/javascript"></script>
```

注意：两个代码库的顺序不可颠倒。

再准备一组 JSON 格式的示例数据用于图表展示，如下：

```javascript
<script type="text/javascript">
    var chartData = [{
        "country": "USA",
        "visits": 4252
    }, {
        "country": "China",
        "visits": 1882
    }, {
        "country": "Japan",
        "visits": 1809
    }, {
        "country": "Germany",
        "visits": 1322
    }, {
        "country": "UK",
```

```
        "visits" : 1122
    } , {
        "country" : "France" ,
        "visits" : 1114
    } , {
        "country" : "India" ,
        "visits" : 984
    } , {
        "country" : "Spain" ,
        "visits" : 711
    } , {
        "country" : "Netherlands" ,
        "visits" : 665
    } , {
        "country" : "Russia" ,
        "visits" : 580
    } , {
        "country" : "South Korea" ,
        "visits" : 443
    } , {
        "country" : "Canada" ,
        "visits" : 441
    } , {
        "country" : "Brazil" ,
        "visits" : 395
    } , {
        "country" : "Italy" ,
        "visits" : 386
    } , {
        "country" : "Australia" ,
        "visits" : 384
    } , {
        "country" : "Taiwan" ,
        "visits" : 338
    } , {
        "country" : "Poland" ,
        "visits" : 328
    } ];
```

```
</script>
```

（4）创建图表。

这里选择使用 JavaScript API 来创建图表，这种方式更加灵活，适合创建复杂的、具有交互功能的图表。所有的代码都放置在 AmCharts. ready 中，形如：

```
AmCharts. ready(function() {
    //创建图表的代码
});
```

首先创建一个 AmCharts. AmSerialChart 对象，并设置其 dataProvider 和 categoryField 属性，分别用于为图表提供数据和指定分类轴（X 轴）所对应的数据域。代码如下：

```
var chart = new AmCharts. AmSerialChart();
chart. dataProvider = chartData;
chart. categoryField = "country";
```

然后，向 chart 中添加一个 graph. 一个 chart 中允许放置多个 graph，用 AmCharts. AmGraph 对象代表。这里创建一个 graph，为其指定数据域（即 data provider 中用于存入数据的域名称）并设定 type 属性值为 "column"，这样就可以创建一个柱状图（column），接下来把这个 graph 添加到 chart 中。代码如下：

```
var graph = new AmCharts. AmGraph();
graph. valueField = "visits";
graph. type = "column";
chart. addGraph(graph);
```

最后，使用 write() 方法把图表显示在 chartdiv 中，代码如下：

```
chart. write('chartdiv');
```

然后就可以在浏览器中打开这个页面，查看类似图 6-18 的图表最终效果了。

3. 数据统计和对比功能

目前所实现的数据分析功能包括数据基础统计分析、数据综合统计分析、数据对比分析几个与图表有关的功能，分别基于 amcharts 组件采用饼图和曲线图的形式进行展示。

选择 amcharts 组件实现数据统计和对比图表，需要进行以下处理。

（1）设置统计或对比条件，按照条件对数据进行必要的处理，这一功能需要在服务器端编写代码实现。

例如数据基础统计的条件设置界面如图 6-19 所示。

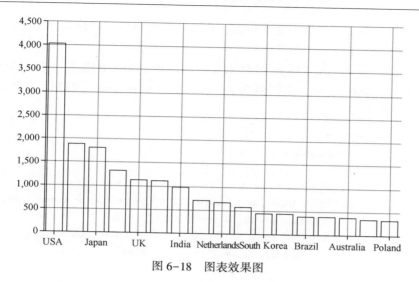

图 6-18　图表效果图

三江源远程实时生态环境监测（北斗）系统-基础数据统计分析

选择设备：`称多县监测点▼` 选择统计区间：`月度▼` 输入日期：`2019/08/02` `开始统计`

图 6-19　数据基础统计条件设置界面图

（2）将数据处理结果传递给浏览器端，作为 amcharts 图表的数据源。

（3）按照图表使用步骤，创建所需要的图表展示形式。

例如数据基础统计的统计结果界面如图 6-20 所示。

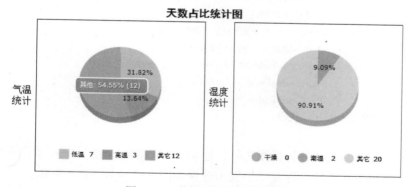

图 6-20　数据基础统计结果图

在前述的数据展示处理流程中，一个关键问题是服务器端的数据处理结果如何传递到浏览器端并作为图表的数据源。这里基于 jQurey 采用一个表格作为数据中转机制，实现了所需要的数据传递。具体实现过程如下：

（1）服务器端实现数据处理功能，并将处理结果以表格形式显示在网页中，但表格设置为不可见。

（2）浏览器端使用 jQuery 逐个单元格提取出表格中的数据，按照 amcharts 的需要组装成 JSON 格式，并设置为 amcharts 的 data provider。数据基础统计功能中的相关代码如下：

```
var chartData = [ ];
        var tempArr = [ ];

        var tableData = new Array( );
    $( "#ctl00_MainContent_GridViewWD tr" ). each( function ( trindex, tritem ) {
            tableData[ trindex ] = new Array( );
        $( tritem ). find( "td" ). each( function ( tdindex, tditem ) {
                tableData[ trindex ][ tdindex ] = $( tditem ). text( );
        } );
        if ( trindex != 0 ) {
            tempArr = { t_title: tableData[ trindex ][ 0 ], value1: tableData[ trin-
    dex ][ 2 ], url: "PieDetail. aspx? VID = " + VID + "&m_date = " + p_date + " &mdatetype
    = " + p_datetype + " &t_class = WD&t_type = "
                + tableData[ trindex ][ 1 ] + " &t_title = " + tableData[ trindex ][ 0 ] };
            chartData. push( tempArr );

        }
    } );

AmCharts. ready( function ( ) {
            // PIE CHART
            chart = new AmCharts. AmPieChart( );
            chart. dataProvider = chartData;
            chart. titleField = "t_title";
            chart. valueField = "value1";
            chart. urlField = "url";
//创建图表的其他代码
        }
```

除了数据基础统计分析饼图之外，还实现了数据综合统计分析饼图和数据对比分析曲线图。其条件设置和结果展示分别如图 6-21~图 6-24 所示。

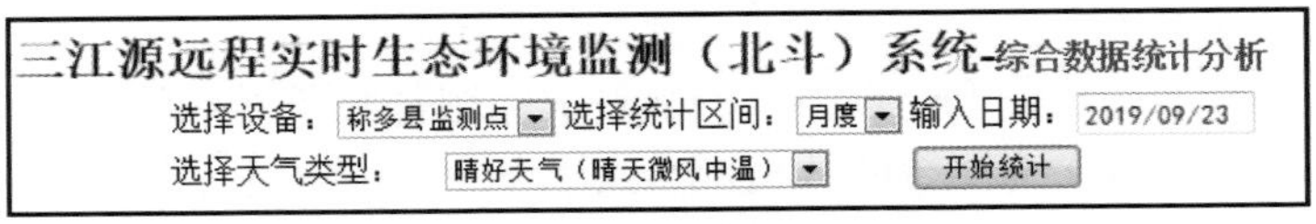

三江源远程实时生态环境监测（北斗）系统-综合数据统计分析

选择设备：称多县监测点 ▼ 选择统计区间：月度 ▼ 输入日期：2019/09/23

选择天气类型：晴好天气（晴天微风中温）▼　　　开始统计

图 6-21　数据综合统计分析条件设置

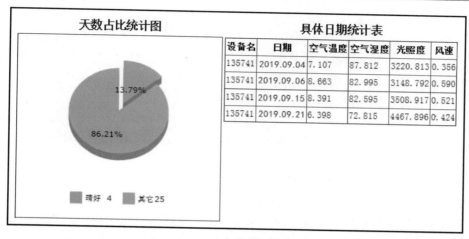

图 6-22　数据综合统计分析饼图

图 6-23　数据对比分析条件设置

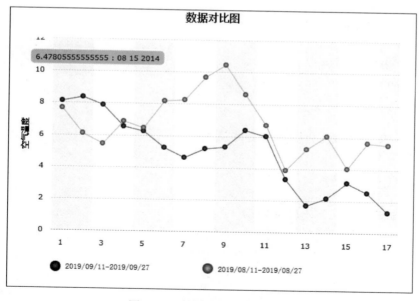

图 6-24　数据对比分析曲线图

4. 确定测区位置

在页面功能中，有一个特殊的功能需求是确定每个监测点在图片上的显示位置。为了提供一个方便的位置确定方式，这里实现了通过鼠标拖动代表监测点的图标来直观设置其显示位置的操作方式。

主要的实现原理包括以下几个关键点。

1）鼠标按下时

当单击鼠标左键时，触发鼠标按下事件，此时完成以下功能：

（1）设置单击鼠标标志为有效；

（2）获取鼠标当前位置坐标 (x, y)，作为鼠标初始位置；

（3）获取图标当前位置坐标，作为图标初始位置。

这里，通过读取图标的 CSS 属性中 top 和 left 属性值来获取图标当前位置坐标，取得的是以 px 为单位的字符串形式坐标值，需要通过字符串处理和数据类型转换将字符串数据转换为 float 数值型数据。

相关代码如下：

```
//记录鼠标是否按下
var isClick = false;

//按下鼠标时候的坐标
var    defaultX;
var    defaultY;

//移动时候的坐标
var mouseX;
var mouseY;

//移动层距离上边和左边的距离
var DivTop;
var DivLeft;

$(document).ready(function() {
    //按下鼠标
    $(".areaSetTag").mousedown(function(e) {
        isClick = true;
        defaultX = e.pageX;
        defaultY = e.pageY;
```

```
                DivTop = $( this). css( "top" );
            DivLeft = $( this). css( "left" );
            DivTop = parseFloat( String( DivTop). substring( 0, String( DivTop). indexOf
( "px" )));
            DivLeft = parseFloat( String( DivLeft). substring( 0, String( DivLeft). indexOf( "
px" )));
                });
```

2）移动鼠标时

当拖动鼠标时，触发鼠标移动事件，此时完成以下功能：

（1）获取鼠标当前位置坐标；

（2）计算鼠标当前位置与鼠标按下时的初始位置对应坐标的差值；

（3）将差值分别加在图标初始位置相应的坐标值上；

（4）设置图标的新坐标，实现图标与鼠标的同步移动；

（5）将图标新坐标值设置到相应的表单文本框中供查看和保存。

相关代码如下：

```
//移动鼠标
        $( ". areaSetTag" ). mousemove( function( e ) {
            mouseX = e. pageX;
            mouseY = e. pageY;

            if( isClick &&mouseX>0 &&mouseY>0)
            {
            var newTop = parseFloat( mouseY-defaultY );
            var newLeft = parseFloat( mouseX-defaultX );
            $( this). css( { "top" :newTop+DivTop} );
            $( this). css( { "left" :newLeft+DivLeft} );

            //把新值赋给表单项
            var areaID = parseInt($( this). attr( "id" ),10) -1;
                $( "#areaSetTable_form_envir_area_picy_" + areaID ). attr ( "value" ,
newTop+DivTop);
                $( "#areaSetTable_form_envir_area_picx_" +areaID). attr( "value" ,newLeft+
DivLeft);

            } //if end
            });
```

3）松开鼠标时

当松开鼠标左键完成拖动时，触发鼠标松开事件，此时完成以下功能：
设置单击鼠标标志为有效，结束本次位置设置。

```
//松开鼠标
$(".areaSetTag").mouseup(function(e){
    isClick=false;
}); //moveDiv click fun
```

参 考 文 献

［1］ 李国杰，程学旗，大数据研究：未来科技及经济社会发展的重大战略领域 ［J］. 中国科学院院刊，2012，27（6）：647-657.

［2］ 范存群，王尚广，孙其博，等 . 基于能量监测的传感器信任评估方法研究 ［J］. 电子学报，2013，41（4）：646-651.

［3］ HE D, CHEN C, CHAN S, et al. A distributed trust evaluation model and its application scenarios for medical Sensor networks ［J］. IEEE Transaction on Information Technology in Biomedicine, 2018, 16 （6）: 1164-1175.

［4］ LI X Y, ZHOU F, DU J. LDTS: a lightweight and dependable trust system for clustered wireless sensor networks ［J］. IEEE transactions on information forensics and security, 2013, 8 （6）: 924-935.

［5］ ZHANG B, HUANG Z H, XIANG Y. A novel multiple-level trust management framework for wireless sensor networks ［J］, Computer Networks, 2014, 72: 45-61.

［6］ CHENG S Y, LI J Z, CAI Z P. O（ε）-approximation to physical world by sensor networks ［C］, //Proc of IEEE INFOCOM'13, Piscataway, NJ: IEEE, 2013: 3184-3192.

［7］ DONG X L, Berti-Equillc L, Srivastava D. Truth discovery and copying detection in a dynamic world ［J］, Proceedings of the VLDB Endowment, 2009, 2 （1）: 562-573.

［8］ 张安珍，门雪莹，王宏志，等 . 大数据上基于 Hadoop 的不一致数据检测与修复算法 ［J］，计算机科学与探索，2015.

［9］ 金连，王宏志，黄沈滨，等 . 基于 Map-Reduce 的大数据缺失值填充算法 ［J］，计算机研究与发展，2013，50（Suppl.）：312-321.

［10］ 罗涛，李俊涛，刘瑞娜，等 . VANET 中安全信息的快速可靠广播路由算法 ［J］，计算机学报，2015，38（3）：663-672.

［11］ ROZIER EWD, SANDRS WH. A framework for efficient evaluation of the fault tolerance of deduplicated storage systems ［C］. 42nd Annual IEEE/IFIP International Conference. 2012: 1-12.

［12］ 陈钊 . 基于云灾备的数据安全存储关键技术研究 ［D］，北京：北京邮电大学，2012.

［13］ 安宝宇 . 云存储中数据完整性保护关键技术研究 ［D］，北京：北京邮电大学，2013.

［14］ 冯登国，张敏，李昊 . 大数据安全与隐私保护 ［J］，计算机学报，2014，37（1）：246-258.

［15］ 李建中，刘显敏 . 大数据的一个重要方面：数据可用性 ［J］，计算机研究与发展，2013，50（6）：1147-1162.

［16］ 柴艳莉 . 基于智能信息处理的煤与瓦斯突出的预警预测研究 ［D］. 北京：中国矿业大学，2011.

［17］ 于戈，李芳芳 . 物联网中的数据管理 ［J］. 中国计算机学会通讯 . 2010. 6（4）：30-34.

［18］ James Kempf, Jari Arkko, Neda Beheshti et al. Thoughts on reliability in the Internet of things ［EB/OL］. http：//www. iab. org/wp-content/IAB-uploads/2011/03/Kempf. pdf. 2013-3-15.

［19］ 胡圣波，司兵，李黔蜀，等 . 射频识别系统的可靠性及计算模型 ［J］. 信息与控制，2012, 41（5）：571-577.

［20］ 段磊，刘琳岚，谌业滨 . 基于窗口均值的 WSNs 链路质量评估方法 ［J］. 南昌大学学报（理科版），2011, 35（5）：495-499.

［21］ 何明，陈国华，赖海光，等 . 物联网感知层移动自组织网可靠性评估方法 ［J］. 计算机科学，2012, 39（6）：104-106, 137.

［22］ 闵军，张海呈，朱桂斌 . 自组网可靠性评价方法 ［J］. 电子科技大学学报，2008, 37（3）：436-438, 456.

［23］ 张立军，袁能文 . 线性综合评价模型中指标标准化方法的比较与选择 ［J］. 统计与信息论坛，2010, 25（8）：10-15.

［24］ 田立勤 . 计算机网络安全 ［M］. 北京：人民邮电出版社，2011.

［25］ 李永飞，郭晓欣，田立勤 . 基于聚类的物联网监测点相邻关系的判定与分析 ［J］. 计算机工程与科学，2019, 41（7）：1291-1296.

［26］ FRANCA D, FABRIZIO S. Supervised term weighting for automated text categorization ［C］. Proceedings of the 18th ACM Symposium on Applied Computing. Melbourne：ACM Press, 2003：784-788.

［27］ 俞文杰，童英华，田立勤 . 物联网监测系统的可靠性保障机制与量化分析 ［J］. 物联网技术，2018, 008（007）：42-47.

［28］ 张爱华，靖红芳，王斌，等 . 文本分类中特征权重因子的作用研究 ［J］. 中文信息学报，2010, 24（3）：97-103.

［29］ 童英华，田立勤，李靖 . 基于贝叶斯网络的雾霾重点污染源排放预测 ［J］. 计算机工程与设计，2018, 39（9）：202-209.

［30］ BAHREPOUR M, NERATNIA N, POEL M. et al. Use of wireless sensor networks for distributed event detection in disaster management applications ［J］. Int. J. Space-based and Situated Computing. 2012, 2（1）：58：68.

［31］ 张瑜，张德贤 . 一种改进的特征权重算法 ［J］. 计算机工程，2011, 37（5）：210-212.

［32］ 李凯齐，刁兴春，曹建军 . 基于信息增益的文本特征权重改进算法 ［J］. 计算机工程，2011, 37（1）：16-18, 21.

［33］ 范敏，石为人 . 层次朴素贝叶斯分类器构造算法及应用研究 ［J］. 仪器仪表学报，2010, 31（4）：776-781.

［34］ 李道亮 . 农业物联网导论 ［M］. 北京：科学出版社，2012.

［35］ LIANG Q, WANG L. Event detection in sensor networks using fuzzy logic system ［J］. IEEE intl. Conference on Computational Intelligence for Homeland Security and Personal Safety. 2005.

［36］ LIU Y H. Connecting inspiring everything ［J］. Communications of the CCF, 2012, 8 (3):
8-10.

［37］ 环境保护部. 环境空气质量标准: GB 3095—2012.

［38］ 环境保护部. 地表水环境质量标准: GB 3838—2002.

［39］ 秦朝. 基于物联网的无线气象监测系统研究与实现［D］. 武汉: 华中科技大学, 2012.

［40］ VU C T, BEYAH R A, LI Y. 2007 composite event detection in wireless sensor networks ［J］.
Proc. of the IEEE International Performance, Computing, and Communications Conference.

［41］ 于承先, 徐丽英, 邢斌, 等. 集约化水产养殖水质预警系统的设计与实现［J］. 计算机
工程, 2009, 35 (17): 268-270.

［42］ 张智涛, 曹茜, 谢涛. 饮用水水源地水质监测预警系统设计探讨［J］. 环境保护科学
2013, 39 (1): 61-64.